走进大学
DISCOVER UNIVERSITY

什么是
轻工？

WHAT
IS
LIGHT INDUSTRY？

平清伟　主　编

王大鸶　何有节　副主编

大连理工大学出版社
Dalian University of Technology Press

图书在版编目（CIP）数据

什么是轻工？ / 平清伟主编. -- 大连 ：大连理工
大学出版社，2021.9
ISBN 978-7-5685-3009-5

Ⅰ.①什… Ⅱ.①平… Ⅲ.①轻工业－普及读物
Ⅳ.①TS-49

中国版本图书馆 CIP 数据核字（2021）第 074631 号

什么是轻工？　SHENME SHI QINGGONG?

出　版　人：苏克治
责任编辑：王晓历　孙兴乐
责任校对：贾如南　白　露
封面设计：奇景创意

出版发行：大连理工大学出版社
　　　　　（地址：大连市软件园路 80 号，邮编：116023）
电　　话：0411-84708842（发行）
　　　　　0411-84708943（邮购）　0411-84701466（传真）
邮　　箱：dutp@dutp.cn
网　　址：http://dutp.dlut.edu.cn

印　　刷：辽宁新华印务有限公司
幅面尺寸：139mm×210mm
印　　张：5.75
字　　数：91 千字
版　　次：2021 年 9 月第 1 版
印　　次：2021 年 9 月第 1 次印刷
书　　号：ISBN 978-7-5685-3009-5
定　　价：39.80 元

本书如有印装质量问题，请与我社发行部联系更换。

出版者序

高考,一年一季,如期而至,举国关注,牵动万家!这里面有莘莘学子的努力拼搏,万千父母的望子成龙,授业恩师的佳音静候。怎么报考,如何选择大学和专业?如愿,学爱结合;或者,带着疑惑,步入大学继续寻找答案。

大学由不同的学科聚合组成,并根据各个学科研究方向的差异,汇聚不同专业的学界英才,具有教书育人、科学研究、服务社会、文化传承等职能。当然,这项探索科学、挑战未知、启迪智慧的事业也期盼无数青年人的加入,吸引着社会各界的关注。

在我国,高中毕业生大都通过高考、双向选择,进入大学的不同专业学习,在校园里开阔眼界,增长知识,提升能力，升华境界。而如何更好地了解大学，认识专业，明晰人生选择，是一个很现实的问题。

为此，我们在社会各界的大力支持下，延请一批由院士领衔、在知名大学工作多年的老师，与我们共同策划、组织编写了"走进大学"丛书。这些老师以科学的角度、专业的眼光、深入浅出的语言，系统化、全景式地阐释和解读了不同学科的学术内涵、专业特点，以及将来的发展方向和社会需求。希望能够以此帮助准备进入大学的同学，让他们满怀信心地再次起航，踏上新的、更高一级的求学之路。同时也为一向关心大学学科建设、关心高教事业发展的读者朋友搭建一个全面涉猎、深入了解的平台。

我们把"走进大学"丛书推荐给大家。

一是即将走进大学，但在专业选择上尚存困惑的高中生朋友。如何选择大学和专业从来都是热门话题，市场上、网络上的各种论述和信息，有些碎片化，有些鸡汤式，难免流于片面，甚至带有功利色彩，真正专业的介绍文字尚不多见。本丛书的作者来自高校一线，他们给出的专业画像具有权威性，可以更好地为大家服务。

二是已经进入大学学习,但对专业尚未形成系统认知的同学。大学的学习是从基础课开始,逐步转入专业基础课和专业课的。在此过程中,同学对所学专业将逐步加深认识,也可能会伴有一些疑惑甚至苦恼。目前很多大学开设了相关专业的导论课,一般需要一个学期完成,再加上面临的学业规划,例如考研、转专业、辅修某个专业等,都需要对相关专业既有宏观了解又有微观检视。本丛书便于系统地识读专业,有助于针对性更强地规划学习目标。

三是关心大学学科建设、专业发展的读者。他们也许是大学生朋友的亲朋好友,也许是由于某种原因错过心仪大学或者喜爱专业的中老年人。本丛书文风简朴,语言通俗,必将是大家系统了解大学各专业的一个好的选择。

坚持正确的出版导向,多出好的作品,尊重、引导和帮助读者是出版者义不容辞的责任。大连理工大学出版社在做好相关出版服务的基础上,努力拉近高校学者与读者间的距离,尤其在服务一流大学建设的征程中,我们深刻地认识到,大学出版社一定要组织优秀的作者队伍,用心打造培根铸魂、启智增慧的精品出版物,倾尽心力,服务青年学子,服务社会。

"走进大学"丛书是一次大胆的尝试,也是一个有意义的起点。我们将不断努力,砥砺前行,为美好的明天真挚地付出。希望得到读者朋友的理解和支持。

谢谢大家!

2021 年春于大连

序

　　我国轻工类专业下设轻化工程、包装工程、印刷工程、香料香精技术与工程、化妆品技术与工程等 5 个专业。经过近百年的发展，我国轻工类专业已建设成为涵盖培养研究生、本科生和专科生（职业教育）的完整人才培养体系。轻工类专业所培养的大量高素质人才已在技术研发、工程设计、技术管理、科学研究、教书育人等岗位工作，为满足人类日益提高的物质、文化、生活需要发挥着重要作用。

　　轻工类专业对应的行业覆盖了轻工业和纺织业的大部分领域，轻工业和纺织业都是关系着国民经济发展和人类生活质量提高的重要行业，是我国国民经济的传统优势产业、重要民生产业和具有较强国际竞争力的产业，承担着满足消费升级、稳定出口、扩大就业和服务"三农"的重要任务，也承担着国家出口创汇的重要任务，在国民经济和社会发展中发挥着举足轻重的作用。2020年我国轻工业和纺织业营业收入占比在全国工业总收入的1/4以上，利润总额占比在1/5以上，出口额占比在1/3以上。

随着科学技术的不断进步，特别是绿色技术、生物技术、信息科学与技术、自动控制理论、新材料及新装备等在轻工业和纺织业中的广泛应用，产业也正在向着高端化、绿色化、智能化、数字化和时尚化方向转型。因此，轻工类专业也在不断转型、发展，拓展新领域，为行业发展培养了大量高素质、综合型、创新型人才。

每年都有大量学子报考轻工类专业，报考的动力可以归结为：首先，与轻工类专业对口的行业，在国民经济中极其重要，并且正处于蓬勃发展期、转型期，可为有志青年提供广阔的发展舞台；其次，我国轻工类教育经过近百年的发展、积累，办学实力雄厚；最后，国家高度重视轻工业发展，也必然重视轻工类专业教育的建设与发展，轻工类专业是国家"新工科"重点建设专业类别之一，发展后劲足。

轻工类专业有能力为社会培养高素质专业人才,人才后续成长也有好的机遇与大的平台!轻工类专业推崇包容性和普及性,接受轻工类专业教育,只需要做到精细和坚守,就不难在求学中寻找到职业乐趣和发展方向!

　　轻工类专业欢迎有理想、有追求、愿意在职业生涯中融入道义与责任、能为推动轻工行业发展、满足人民对美好生活向往做出贡献的广大有志青年报考,成为有贡献的轻工人!

中国工程院院士
教育部高等学校轻工类专业教学指导委员会主任

2021 年 9 月

前　言

　　轻工类下设 5 个专业,既有办学历史较长的轻化工程、包装工程和印刷工程专业,也有近十年来逐渐兴起的香料香精技术与工程、化妆品技术与工程专业,其中轻化工程专业还下设 4 个方向。为了读者更清晰地了解轻工类专业,解决读者关注的轻工类专业学什么、做什么、发展前景好不好等问题,本书在编写过程中重点介绍了轻工类专业的培养目标、培养规格、就业与深造、对口行业在国民经济中的重要地位和发展前景等内容。

　　全书共分为 4 个部分,由业内 7 所代表性院校、14 位教师共同编写,其中包括教育部高等学校轻工类专业教学指导委员会主任 1 人、副主任 3 人、秘书长 1 人和委员

2人。第一部分由四川大学石碧教授、何有节教授编写。第二部分由大连工业大学平清伟教授编写。第三部分制浆造纸工程方向的内容由大连工业大学韩颖教授编写，第三部分皮革工程方向的内容由陕西科技大学王学川教授、张辉副教授编写，第三部分染整工程方向的内容由东华大学赵涛教授编写，第三部分包装工程专业的内容由大连工业大学黄俊彦教授编写，第三部分印刷工程专业的内容由武汉大学万晓霞教授、北京印刷学院蒲嘉陵教授、华南理工大学陈广学教授编写，第三部分香料香精技术与工程专业的内容由大连工业大学崔励教授编写，第三部分化妆品技术与工程专业的内容由大连工业大学刘兆丽教授编写。第四部分由大连工业大学王大鹉教授编写。

感谢中国工程院院士、教育部高等学校轻工类专业教学指导委员会主任、四川大学石碧教授为本书题序并指导编写工作。感谢长江学者特聘教授、国家杰出青年基金获得者大连工业大学孙润仓教授、大连工业大学周景辉教授审阅了本书。感谢各参编人员为第二部分的编写提供的素材。感谢暨南大学王志伟，陕西科技大学许伟、徐群娜、刘新华，东华大学葛凤燕、纪柏林、董霞，齐鲁工业大学褚夫强、西安理工大学郑琳琳、武汉大学刘强等对编写工作的帮助。

在编写本书的过程中，编者参阅了大量资料，由于篇幅所限，未能将其一一列出，在此谨向相关作者表示诚挚的谢意。

本书涉及多个学科和众多应用领域，需要先"深入"才能做到"浅出"，因此编写难度相当大。尽管编写团队花费了大量心血，尽了最大努力，力求保证本书的质量和满足读者的需求，但限于编者的水平，书中难免存在不足之处，衷心希望广大读者和专家学者提出宝贵意见。

编　者

2021 年 9 月

目　录

轻装上阵:轻工类专业概述 ／1

专业分类 ／1

轻工类专业就在你身边 ／1

轻工类专业下设具体专业 ／2

专业人才培养目标 ／3

轻化工程专业 ／4

包装工程专业 ／4

印刷工程专业 ／5

香料香精技术与工程专业 ／5

化妆品技术与工程专业 ／6

轻工类专业办学历史及我国轻工类专业的专业点数 / 6

　　轻工类专业办学历史 / 6

　　我国轻工类专业的专业点数 / 7

轻车熟路:国内外轻工类专业教育简述 / 11

　　国内轻工类专业办学层次 / 11

　　国外轻工类专业简介 / 13

举足轻重:相关行业发展简史 / 14

举足之轻:轻工类专业相关行业 / 14

　　我国行业分类方法 / 14

　　轻工类专业相关行业与管理归口 / 15

举足之重:轻工类专业相关行业的重要性 / 16

　　轻工业在国民经济中的重要性 / 16

　　纺织业在国民经济中的重要性 / 20

轻描淡写:相关行业的发展 / 21

　　制浆造纸业 / 21

　　皮革业 / 25

　　染整业 / 29

　　包装业 / 32

　　印刷业 / 35

　　香料香精业 / 39

　　化妆品业 / 42

轻声慢语：带你走进轻工类专业　/ 47

　轻化工程专业：制浆造纸工程方向　/ 47

　　专业（方向）介绍　/ 47

　　就业方向　/ 48

　　学术深造与专业发展前景　/ 51

　　制浆造纸业在国民经济中的重要性　/ 58

　　行业代表人物简介　/ 61

　轻化工程专业：皮革工程方向　/ 62

　　专业（方向）介绍　/ 62

　　就业方向　/ 63

　　学术深造与专业发展前景　/ 68

　　皮革业在国民经济中的重要性　/ 73

　　行业代表人物简介　/ 80

　轻化工程专业：染整工程方向　/ 81

　　专业（方向）介绍　/ 81

　　就业方向　/ 83

　　学术深造与专业发展前景　/ 85

　　染整业在国民经济中的重要性　/ 89

　　行业代表人物简介　/ 94

　包装工程专业　/ 95

　　专业介绍　/ 95

就业方向 / 97

学术深造与专业发展前景 / 100

包装业在国民经济中的重要性 / 103

行业代表人物简介 / 107

印刷工程专业 / 108

专业介绍 / 108

就业方向 / 112

学术深造与专业发展前景 / 115

印刷业在国民经济中的重要性 / 117

行业代表人物简介 / 124

香料香精技术与工程专业 / 125

专业介绍 / 125

就业方向 / 129

学术深造与专业发展前景 / 131

香料香精业在国民经济中的重要性 / 132

行业代表人物 / 135

化妆品技术与工程专业 / 136

专业介绍 / 136

就业方向 / 139

学术深造与专业发展前景 / 144

化妆品业在国民经济中的重要性 / 147

行业代表人物简介 / 150

轻财重义：从业选择、规范与伦理约束　/ 151

本立而道生——培养什么样的轻工人？ / 152

道之以德，齐之以礼——轻工人的职业道德规范 / 154

"1＋X"证书制度——职业技能等级评价让轻工人的
未来拥有无限可能 / 157

参考文献　/ 158

"走进大学"丛书拟出版书目　/ 161

轻装上阵:轻工类专业概述

合抱之木,生于毫末;九层之台,起于累土;
千里之行,始于足下。

——老子

▶▶专业分类

➡➡轻工类专业就在你身边

轻工类专业学什么？学成后从事什么工作？继续深造机会多吗？让这册小书带你走进美妙的轻工世界！正在阅读这册小书的你,是不是如图 1 中人一样,正体验着轻工类产品带给你的美好享受！

纸张、手袋、服饰等:轻化工程
书册:包装工程
字:印刷工程
化妆品气味:香料香精技术
与工程
护肤霜等化妆品:化妆品技
术与工程

图1　与人民生活密不可分的轻工类产品

➡️➡️轻工类专业下设具体专业

　　按照教育部颁发的《普通高等学校本科专业目录》
(2021年修订版)规定,轻工类专业下设5个专业:轻化工
程专业、包装工程专业、印刷工程专业、香料香精技术与
工程专业、化妆品技术与工程专业。其中轻化工程专业
还包括4个独立的办学方向:制浆造纸工程、皮革工程、
纺织化学与染整工程、添加剂化学与工程。轻工类各专
业的设置既能满足国民经济和社会发展对专业人才的需
求,又具有鲜明的中国特色。随着科学技术的相互交叉
融合,特别是绿色化学技术、生物技术、信息科学与技术、
自动控制技术、新材料及新装备技术等在本专业中日益
广泛的应用,轻工类专业不断开拓新的研究领域,并使得
轻工类各专业之间的学科交叉与内在联系更加紧密,为

推动对应产业的高端化、智能化和绿色化发展提供了人才与技术支持。

轻工业和纺织业都是关系到国民经济发展和人民生活质量的重要行业。轻工类专业是覆盖轻工业和纺织业重要工业领域的工程技术专业。它对应的行业，综合应用现代科学技术制造人民必需的商品，满足人类日益提高的物质、文化生活需要，实现人民对美好生活的向往，这也是轻工类专业建设和培养专门人才的奋斗目标。同时，轻工类专业对应服务的行业为国民经济其他行业，如商业、信息、医药、食品、军工、物流和生物工程等提供必需的原料和工业产品，在科学技术领域和社会发展中占有重要地位，对全面促进消费向绿色、健康、安全方向发展发挥重要作用。

▶▶专业人才培养目标

轻工类专业培养的学生应具有良好的科学文化素养和高度的社会责任感，能够较系统地掌握相关基础知识和基本技能，具备较强的综合运用所学专业知识分析和解决本领域涉及的工程技术问题的能力，富有创新精神和创业意识，具有创新创业和实践能力，能够胜任轻工及相关领域的技术研发、工程设计、技术管理、科研、教学等

工作。轻工类专业所属 5 个专业的培养目标各有
侧重。

➡➡**轻化工程专业**

该专业培养的学生具备数学、化学、化工及材料等方
面的基础理论,能够掌握本专业相关行业的工艺原理及
工程技术等专门知识,并且具有从事本专业或至少一个
方向的工程技术、生产管理、质量控制、研究开发等基本
能力,能在本专业相关行业的企事业、研究机构及院校等
单位从事工程技术、质量控制、产品开发、商品检验、经济
贸易、企业管理及教学科研等工作。

➡➡**包装工程专业**

该专业培养的学生应掌握包装工程专业主干学科和
相关学科涉及的核心基础理论和知识;掌握包装防护原
理和技术、包装材料与包装制品的生产及印制工艺,具备
包装系统分析、设计及生产管理等方面的能力;能在商品
生产与流通部门,包装及物流企业,科研机构,商检、质
检、外贸等部门从事包装系统设计、生产、质量检测、管理
和科学研究工作。

➡➡印刷工程专业

该专业培养的学生应具备良好的自然科学基础和一定的人文艺术修养,受到良好的工程训练;掌握印刷工程专业主干学科和相关学科涉及的核心基础理论和知识,熟悉印刷及相关产业的生产、管理和运行;了解印刷及相关产业技术的现状和发展趋势;能够在印刷等信息可视化传播及相关领域的生产企业、教育和科研机构、国家行政及事业机关等从事生产、技术、管理、教育以及研发工作。

➡➡香料香精技术与工程专业

该专业培养的学生能够掌握自然科学基础知识、香料香精领域的基础理论、工艺原理及工程技术等专门知识,具有相关学科知识和艺术时尚修养;具备香料香精产品技术研究开发、质量控制、工程技术、生产管理等能力;能够在香料制备、香精调配、加香应用、产品品质鉴定与控制等领域从事香料香精及相关行业(日用化学品、食品、医药等)产品研发、质量控制、生产管理、市场营销等方面工作,有创新实践能力。

➡➡化妆品技术与工程专业

　　该专业旨在培养学生掌握化妆品领域的基础理论、工艺原理及工程技术等专业知识，具有相关学科知识和艺术时尚修养；具备化妆品产品配方开发的核心能力，能从事化妆品业相关岗位工作，包括质量控制、产品研发、功效评价、生产管理、市场营销等，具有创新实践能力。

▶▶轻工类专业办学历史及我国轻工类专业的专业点数

➡➡轻工类专业办学历史

　　我国轻工类专业办学历史悠久，历经萌芽期（1921—1951 年）、发展期（1952—1979 年）、恢复增长期（1980—1998 年）和调整与快速发展期（1999 年后）等我国高等教育初创和发展的各个主要时期，且随着我国经济的快速发展，办学规模逐步扩大，办学水平不断提高。1998 年7 月，教育部颁布了《普通高等学校本科专业目录》，本着科学、规范、拓宽的原则，目录对专业培养的内容赋予了新的内涵，体现了时代的要求和新的观念。1999 年起，以新的高校专业目录调整、高校扩大招生及高校教学水平评估为标志，我国轻工类高等教育进入快速发展和教学质量全面评估阶段，开设轻工类专业的高校涵盖双一流大学、普通本科和独立学院等。为了适应国家和区域经济社会发展需要,建立动态调整机制,不断优化学科专业结构,2012年教育部对1998年颁布的本科专业目录进行修改,形成了2012年版的《普通高等学校本科专业目录》。2020年在2012年本科专业目录基础上,增补近8年增设的目录外新专业,形成《普通高等学校本科专业目录》(2020年版)。2021年3月1日,教育部公布了2020年度普通高等学校本科专业备案和审批结果的通知,根据高等学校专业设置和教学指导会议结果,在《普通高等学校本科专业目录》(2020年版)的基础上,增加新增设的37个本科专业,形成了现行《普通高等学校本科专业目录》(2021年修订版)。

➡➡我国轻工类专业的专业点数

截至2021年3月,我国轻工类专业的专业点数为174个,设点高校包括双一流大学、双一流学科建设大学、省部共建大学、省(市)重点建设大学、普通本科高校和独立学院等。其中开设轻化工程专业的大学有58所,开设包装工程专业的大学有73所,开设印刷工程专业的大学有25所,开设香料香精技术与工程专业的大学有4所,开设化妆品技术与工程专业的大学有14所(其中包括开设化妆品科学与技术专业的大学2所)。有19所高校的

轻工类专业入选教育部"卓越工程师教育培养计划"1.0
版。表 1 是我国开设轻工类专业的高校名单。

表 1　我国开设轻工类专业的高校名单
（按校名汉字笔画排序）

专业	开设院校		
轻化工程	1.大连工业大学△＊；	2.上海理工大学；	3.广西大学△＊；
	4.天津工业大学△＊；	5.天津科技大学△＊；	6.中国海洋大学△＊；
	7.中原工学院；	8.内蒙古工业大学；	9.内蒙古科技大学；
	10.长沙理工大学＊；	11.东北电力大学＊；	12.东北林业大学△＊；
	13.东华大学△＊；	14.北京林业大学△＊；	15.北京服装学院；
	16.四川大学△＊；	17.四川理工学院；	18.辽东学院；
	19.吉林化工学院＊；	20.西安工程大学；	21.西昌学院；
	22.西南大学＊；	23.华东理工大学△＊；	24.华南理工大学△＊；
	25.齐齐哈尔大学＊；	26.齐鲁工业大学△＊；	27.江西农业大学；
	28.江南大学△＊；	29.安徽工程大学；	30.防灾科技学院；
	31.苏州大学△＊；	32.武汉纺织大学＊；	33.武汉轻工大学；
	34.青岛大学△＊；	35.青岛科技大学△＊；	36.昆明理工大学＊；
	37.河北科技大学；	38.河北科技大学理工学院；	39.河南工程学院；
	40.陕西科技大学△＊；	41.绍兴文理学院；	42.南京工业大学＊；
	43.南京工业大学浦江学院；	44.南京林业大学△＊；	45.南通大学＊；
	46.南通大学杏林学院；	47.闽江学院；	48.盐城工学院；
	49.浙江科技学院；	50.浙江理工大学＊；	51.聊城大学东昌学院；
	52.常州大学；	53.湖北工业大学△＊；	
	54.湖北工业大学工程技术学院；		55.湖南工程学院；
	56.福建农林大学△＊；	57.嘉兴学院＊；	58.嘉兴学院南湖学院

8

专业	开设院校
包装工程	1.大连工业大学＊；　2.上海大学＊；　3.上海海洋大学＊； 4.上海理工大学＊；　5.山东工艺美术学院；　6.山东大学＊； 7.广东工业大学；　8.广西大学＊；　9.天津科技大学△＊； 10.天津商业大学＊；　11.中北大学； 12.中北大学信息商务学院；　13.内蒙古农业大学； 14.长沙师范学院；　15.东北农业大学＊；　16.东北林业大学＊； 17.北华大学；　18.北京工商大学；　19.北京印刷学院＊； 20.北京农学院；　21.北京林业大学＊；　22.四川农业大学； 23.吉林大学；　24.吉林农业科技学院；　25.西华大学； 26.西安工业大学；　27.西安工业大学北方信息工程学院； 28.西安工程大学；　29.西安理工大学＊； 30.西安理工大学高科学院；　31.西南大学＊； 32.西南林业大学；　33.曲阜师范大学＊； 34.曲阜师范大学杏坛学院；　35.仲恺农业工程学院； 36.华北理工大学；　37.华南农业大学＊；　38.齐齐哈尔大学； 39.齐鲁工业大学＊；　40.江南大学△＊；　41.安徽农业大学； 42.防灾科技学院；　43.沈阳化工大学；　44.沈阳农业大学＊； 45.武汉大学△＊；　46.武汉工业大学；　47.武汉轻工大学； 48.武汉理工大学；　49.青岛科技大学；　50.杭州电子科技大学； 51.杭州电子科技大学信息工程学院；　52.昆明理工大学＊； 53.佳木斯大学；　54.郑州大学＊；　55.河北农业大学＊； 56.河南工业大学；　57.河南牧业经济学院；　58.河南科技大学＊； 59.陕西科技大学＊；　60.南京工程学院；　61.南京林业大学＊； 62.哈尔滨商业大学＊；63.重庆工商大学＊；

（续表）

专业	开设院校		
包装工程	64.浙江大学宁波理工学院＊； 66.浙江理工大学＊；　67.黑龙江八一农垦大学；68.湖北工业大学＊； 69.湖南工业大学＊；70.湖南工业大学科技学院；71.福州大学至诚学院； 72.福建师范大学　73.暨南大学△＊	65.浙江科技学院；	
印刷工程	1.大连工业大学＊；　2.上海理工大学△＊；　3.天津科技大学△＊； 4.内蒙古工业大学；　5.长沙理工大学； 6.东莞理工学院城市学院；　　　　　　　　7.北京印刷学院＊； 8.西安理工大学＊；　9.曲阜师范大学；　10.齐鲁工业大学＊； 11.江南大学；　　12.防灾科技学院；　13.运城学院； 14.武汉大学△＊；　15.青岛科技大学；　16.杭州电子科技大学； 17.杭州电子科技大学信息工程学院；　18.河南工程学院； 19.陕西科技大学＊；　20.荆楚理工学院；　21.南京林业大学△＊； 22.哈尔滨商业大学；　23.浙江科技学院；　24.湖南工业大学＊； 25.湖南工业大学科技学院		
香料香精技术与工程	1.上海应用技术大学＊；　　　　　　2.云南农业大学； 3.北京工商大学；　　　　　　　　　4.河南农业大学		
化妆品技术与工程	1.大连工业大学；　2.上海应用技术大学＊；3.长春工业大学； 4.北京工商大学＊；　5.安康学院；　　　6.武汉纺织大学； 7.柳州工学院；　　8.洛阳师范学院；　9.徐州工程学院； 10.厦门医学院；　11.湖南理工学院；　12.肇庆学院； 13.广东财经大学华商学院（化妆品科学与技术）； 14.广东药科大学（化妆品科学与技术）		

注：△表示一、二级博士点；＊表示一、二级硕士点。

我国轻工类专业在保障本学科教学条件的同时，重视科研、实践，为培养创新型、复合型高素质专门人才做出了贡献。

▶▶轻车熟路：国内外轻工类专业教育简述

➡➡国内轻工类专业办学层次

我国轻工类专业人才培养分三个层次：研究生、本科生、专科生（职业教育）。我国轻工类专业高等教育及人才培养经历了一个从部分学校到多所院校，从本科教育到硕士、博士研究生培养，以及博士后研究的快速发展过程，已构建成能培养不同层次学生的完整培养体系。轻工类专业本科生毕业后可在对应的轻工技术与工程一级学科或相关学科进一步深造。

研究生教育在高等教育体系中具有特殊地位和关键作用，加强研究生教育、提高人才培养质量既能满足国家战略需要，又符合经济社会发展需求。参照国务院学位委员会颁布的《学位授予和人才培养学科目录》（2018 年 4 月更新），我国本科轻工类专业直接对应的一级学科是轻工技术与工程和纺织科学与工程。截至 2021 年 3 月，我国设置轻工类专业且拥有轻工技术与工程、纺织科学与工程博士一级学科授权点的高校有 13 所，轻工技术与工程硕士一级学科授权点的高校有 31 所，还有一些研究机构拥有一级博士、一级硕士学科授权点，培养类别包括学术型和专业型（工程博士、工程硕士）两类。

与轻工类专业密切相关的工学一级学科有计算机科学与技术、化学工程与技术、控制科学与工程、食品科学与工程、林业工程、生物医学工程、机械工程、仪器科学与技术、材料科学与工程、测绘科学与技术、环境科学与工程等；理学一级学科有化学、生物学等。

我国设有轻工技术与工程、纺织科学与工程一级学科的高校和研究机构基于所在单位的科学研究重点、专业特点、办学特色和所在地自然资源优势，设置了不同的二级学科（方向），为轻工业重要工业领域的高水平科学研究和高层次技术人才培养发挥了重要作用。我国轻工技术与工程一级学科博士点、硕士点下设的主要二级学科（方向）有制浆造纸工程、发酵工程、制糖工程、皮革工程、包装工程、印刷工程、生物质化学与材料工程、生物质科学与工程、生物质能源与材料工程、酶工程、先进轻工材料工程、轻工信息与人工智能工程、轻工装备及控制工程、轻工技术经济与管理工程、轻化工材料工程、轻工产业技术经济工程、酿酒工程、粮油生物转化工程、工业设计工程、盐科学与工程、发酵食品与健康工程、食品科学与营养健康工程、食品与发酵工程、微生物应用工程、蛋白质工程、服饰工程。国内设置有一、二级博士、硕士学科授权点的高校见表1,一些研究机构也培养相关的硕士研究生和博士研究生。

➡➡**国外轻工类专业简介**

国外设有培养制浆造纸工程、皮革工程、包装工程、印刷工程、染整工程、化妆品技术与工程、香料香精技术与工程等专业相关博士研究生、硕士研究生的国家有美国、加拿大、法国、英国、日本、韩国、芬兰、瑞典、俄罗斯、乌克兰、土耳其、罗马尼亚、西班牙、捷克、德国、泰国、苏丹、印度、希腊、意大利、荷兰、新西兰、澳大利亚等。

举足轻重:相关行业发展简史

以古为鉴,可知兴替。

——李世民(唐太宗)

举足之轻,说的就是轻工类专业相关行业,大多归口于轻工业管理;举足之重,说的就是这些行业在国民经济中的重要性。

▶▶ 举足之轻:轻工类专业相关行业

➡➡ 我国行业分类方法

为了国家宏观管理需要,2017 年国家颁布了《国民经济行业分类》(GB/T 4754—2017),每个小类行业都有

5 位代码(表 2),第一位是大写英文字母,第二至第五位是阿拉伯数字。例如:稻谷种植业的小类代码是 A0111,它隶属于 A 门类(农、林、牧、渔业),01 大类(农业),011 中类(谷物种植)。

表 2　国民经济行业分类和代码

代　　码				类别名称
门类	大类	中类	小类	
A				农、林、牧、渔业
	01			农业
		011		谷物种植
			0111	稻谷种植

我国共有 20 个门类、97 个大类、473 个中类、1 380 个小类行业。

→ →轻工类专业相关行业与管理归口

轻工类 5 个专业对口轻工业和纺织业。这里要强调一点,纺织业是行业分类中的一个大类,包含 8 个中类、26 个小类行业;轻工业不在行业分类里,管理部门将 21 个大类行业中的 69 个中类行业、213 个小类行业划归至轻工业管理。轻工类专业(方向)服务其中 5 个大类行业(表 3)、16 个中类行业、29 小类行业。

举足轻重:相关行业发展简史

表 3   轻工类专业（方向）服务的行业与主管划分

专业名称	方向名称	大类代码/大类行业名称	管理归口
轻化工程	纺织化学与染整工程	17 / 纺织业	纺织业
	皮革工程	19 / 皮革、毛皮、羽毛及其制品和制鞋业	轻工业
	制浆造纸工程	22 / 造纸和纸制品业	
包装工程 印刷工程		23 / 印刷和记录媒介复制业	轻工业
香料香精技术与工程 化妆品技术与工程		26 / 化学原料和化学制品制造业	

▶▶**举足之重:轻工类专业相关行业的重要性**

轻工类专业对应的轻工业和纺织业,都和老百姓的衣、食、住、行、用密切相关,在国民经济中十分重要。

➡➡**轻工业在国民经济中的重要性**

轻工业是覆盖最广的民生消费品行业,是满足人民美好生活需要的主力军。轻工业是我国国民经济的传统优势产业、重要的民生产业和具有较强国际竞争力的产

16

业,承担着满足消费、稳定出口、扩大就业和服务"三农"的重要任务,在经济和社会发展中发挥着举足轻重的作用,也承担着国家出口创汇任务。党和国家高度重视人民美好生活,重视消费品工业生产与消费发展,先后出台了三品(增品种、提品质、创品牌)专项行动计划、消费品标准和质量提升规划等一系列国家战略,为消费品工业转型升级、繁荣发展,带来了前所未有的强劲动力,为满足人民美好生活需要提供了重要的方向指引。

根据中国轻工业联合会统计数据,2019 年,我国外贸出口普遍受到中美贸易摩擦的影响,轻工业在对美出口同比下降 6.50％的情况下,积极拓展多元化国际市场,出口东盟同比增长 26.55％,出口欧盟同比增长 17.35％,出口"一带一路"沿线国家同比增长 20.30％,轻工业成为稳定出口创汇的重要力量。2020 年,轻工行业规模以上工业企业数占全国工业企业数的 28.40％,资产总额占全国工业的 13.7％,营业收入达 22.9 万亿元,占全国工业的 18.3％,利润总额占全国工业的 20.7％,出口占比为 20.3％。主要轻工行业营业收入占比情况如图 2 所示。2020 年,轻工业全部工业企业累计实现利润 1.6 万亿元。主要轻工行业利润总额占比情况如图 3 所示。

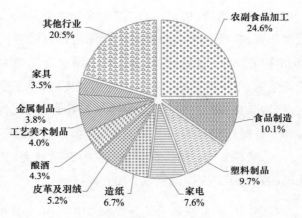

图 2　主要轻工行业营业收入占比情况

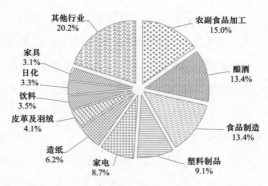

图 3　主要轻工行业利润总额占比情况

18

根据中国轻工业联合会统计数据,2020年,轻工行业规模以上工业企业营业收入利润率为6.9%,高于同期全国工业利润率0.8个百分点。2020年,全国轻工行业规模以上工业企业累计完成出口交货值2.5万亿元。主要轻工行业出口交货值占比情况如图4所示。

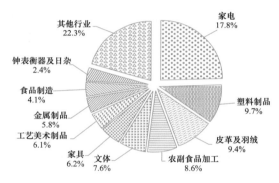

图4 主要轻工行业出口交货值占比情况

2019年12月4日,中国轻工业联合会第四届理事会会长向外界宣布:"轻工业正经历着从'好不好'到'强不强'的伟大跃升!"进入发展新时代,轻工消费品的品种丰富度、品牌认可度和品质满意度正在大幅提升,呈现出多层次、多元化的升级新趋势:向安全、品质、绿色、健康、创新、智能、美观、时尚、先进设计、多元集成、智能互联等方向的发展更加明显。

➡➡**纺织业在国民经济中的重要性**

纺织业是我国国民经济的传统支柱型产业和重要的民生产业,也是我国国际竞争优势明显的产业,在繁荣市场、扩大出口、吸纳就业、增加农民收入、促进城镇化发展等方面发挥着重要作用,纺织业是一个劳动密集程度较高和对外依存度较大的产业。我国是世界上最大的纺织品服装生产国和出口国,纺织品服装出口的持续稳定增长对保证我国外汇储备、平衡国际收支、稳定人民币汇率、解决社会就业及纺织业可持续发展至关重要。

根据中国纺织工业联合会发布的 2020 年纺织行业经济运行报告,截至 2020 年,纺织业的增加值占我国 GDP 的 3％以上,纺织品的服装出口占我国全部出口的 12％以上,创造了 2 000 万个以上的就业岗位。我国化学纤维产量占全球总量的 73.5％,纱、长丝产量占全球产量的 2/3,纤维加工总量超过了全球纤维加工总量的 50％,我国的纺织品服装出口占全球的 37％。2020 年,纺织行业全国规模以上纺织企业实现营业收入 4.52 万亿元,实现利润总额 2 064.7 亿元,产业用纺织品营业收入和利润总额分别同比增长 32.57％ 和 203.21％,利润率为 11.42％。

纺织行业与人们的生活息息相关,不仅包括传统的服装行业、家纺行业,还包括国防军工、医疗卫生、航空航天、产业用纺织品等关系到国计民生的战略领域。此外,随着科技的发展,我国对可穿戴智能纺织品的研发也越来越广泛,并在一定程度上推向实际应用。

▶▶轻描淡写:相关行业的发展

轻化工程专业对应的行业包括 5 个大类、16 个中类和 29 个小类,比较复杂,这里我们先"轻描淡写",让你对这些行业有一个初步认识,后面部分将对专业、就业情况、行业发展趋势等进行详细介绍。

➡➡制浆造纸业

造纸和纸制品业由轻化工程专业制浆造纸工程方向提供人才和技术支撑。造纸术与指南针、火药和印刷术一起,合称中国古代四大发明。造纸业是一个与国民经济发展和社会文明建设息息相关的重要产业。在经济发达国家,纸及纸板消费量增长速度被称为国民经济的晴雨表,造纸业被国际上公认为"永不衰竭"的工业,是国民经济支柱产业之一。我国纸及纸板每年的生产量和消耗量都在 1 亿吨以上,都位居世界前列,行业人才需求旺盛。

❖❖中国造纸发展简史

西汉时出现灞桥纸→东汉时宦官蔡伦组织匠人造纸

→献帝时东莱(今莱州市)人左伯制造出"左伯纸"→魏晋南北朝时期制作竹帘纸、藤纸、鱼卵纸、布纸、麻纸→晋时出现染潢纸→隋唐时期制作宣纸、硬黄纸、硬白纸、粉蜡纸、洒金银纸、澄心堂纸→宋代出现了江东纸、以废纸为原料的还魂纸→元代造纸技术停滞不前→明代出现宣德纸→清代造出精美绝伦的宣纸、笺纸(康熙、乾隆时期中国出现了机制纸)。现今,全世界纸和纸制品业蓬勃发展,我国是世界造纸大国和造纸强国。

❖❖ 造纸和纸制品业简介

产业链

造纸业属于国民经济的基础原材料工业,具有连续高效运行、规模效益显著等典型的大工业生产特征,是与社会文明和经济发展息息相关的重要产业。造纸业的产业链长,与其他产业关联度较大,涉及林业、农业、化工、出版、包装、印刷、机械制造、环保等多个产业(图5)。

图5 造纸行业产业链

产量及变化

我国造纸和纸制品业向大型化、集约化方向发展,一个大型企业每年产量达数百万吨。根据中国造纸协会统计数据,2014—2019年,纸及纸板年产量略有波动,2019年为1.08亿吨左右(图6)。2019年,我国造纸和纸制品出口交货值为603.1亿元,比上年增加38.5亿元。

图6 2014—2019年我国纸及纸板生产情况

我国纸及纸板生产主要集中在广东、山东、浙江以及江苏等沿海省份。根据中国造纸协会统计的数据,2014—2019年,我国纸及纸板的消费量略有波动(图7)。2019年,我国纸及纸板消费量为10 704万吨,较上年增长2.54%,人均年消费量为75千克,带动170万人就业。

图 7　2014—2019 年我国纸及纸板消费情况

❖❖❖**行业发展趋势**

深化供给侧结构性改革,提高供给质量和水平

面对新机遇、新挑战,造纸行业将以供给侧结构性改革为抓手,提高行业生产力水平,转变发展方式,从数量增长转向质量增长,不断优化结构,进一步提高发展质量和经济效益,实现健康、理性和平稳发展。

推进生态文明建设,实现绿色低碳循环发展

造纸行业将继续坚持现有造纸产业发展政策中涵盖的造纸原料政策,发挥造纸行业循环经济的优势,抓好废纸资源回收和利用,用好非木材原料,加大对林业"三剩物"(采伐剩余物、造材剩余物、加工剩余物)、制糖工业废甘蔗渣、农业废弃秸秆、湿地芦苇和废纸等工农业废弃物利用,将林纸一体化工程建设成为一项持久性工程。

贯彻新发展理念,建设造纸业现代化经济体系

加快构筑可持续发展的科技创新型、资源节约型和环境友好型的绿色纸业,实现中国造纸工业绿色可持续发展目标。聚集林、浆、纸及其产业链上、下游各类人才,共同打造健康的产业价值链,继续提高行业的环境保护水平,把造纸工业具有的绿色、低碳、可循环技术特点转化为产业发展优势,塑造绿色可持续的产业形象。

➡➡ 皮革业

皮革业是我国的传统产业之一,具有悠久的历史。由于皮革具有独特的卫生性能和力学性能,特别适合于穿、用,备受人们的青睐。皮革业不仅是轻工业中的支柱产业,而且是出口创汇型产业,我国皮革、毛皮制品产量居世界首位,行业人才供不应求。

❖❖❖ 中国皮革业发展简史

中国皮革业起源于远古时代。目前,中国已成为世界公认的皮革及其制品的制造大国,产能位居世界首位。皮具制造、皮革技术发展简史见表4。

表 4　皮具制造、皮革技术发展简史

时间/朝代	鞋靴制造史	甲胄制造史	皮革技术史
原始社会	裹脚皮、兽皮鞋		发汗脱毛法
夏商周	皮靴	皮甲	商代出现"革"字、皮革染色技术
春秋战国	革履、靴	皮甲发展期	硝面鞣法、铝面鞣法出现
秦汉	标准化生产革靴	秦时皮甲盛行，后被铁甲取代	硝面鞣法、油鞣法、植鞣法共存
魏晋南北朝	鞋靴融合时期		
隋唐五代	六合靴		
宋元明及清早期			
近代（1841—1949 年）	机制皮鞋厂出现		铬鞣厂出现

❖❖❖ 皮革业简介

　　根据中国皮革协会统计的数据,2020 年,规模以上皮革业企业营业收入超过 1.0 万亿元,利润超过 1 000 亿元,占轻工业利润总额的 4.1%;皮革业出口交货值为 2 335 亿元。皮革业的销售收入、利润和出口总额分别居轻工业的第六、第七和第三位。从产业总体情况看,皮革业属于典型的循环经济和可持续发展行业。

产业链

皮革业是与三农密切相关的重要民生产业,是科技含量较高的循环经济产业,是具有国际竞争优势的轻工传统支柱产业。我国皮革业具有完整的产业链,由养殖业、制革业和皮革制品三个主干产业构成,另外还有支撑主干产业的四个必要的配套产业:毛皮产业、皮革化工、皮革机械和皮革五金等(图8)。

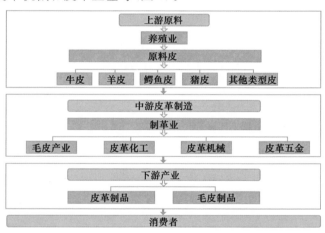

图 8 皮革业产业链

产量及变化

根据中国皮革协会统计的数据,2020 年,我国皮革业主要产品产量占世界总产量的 20% 以上,皮鞋产量占世界总产量的 51%。2020 年,皮革业上市公司有 32 家,全

举足轻重：相关行业发展简史

国规模以上皮革、毛皮及其制品等相关企业的年销售收入约为 1.3 万亿元,年出口额约为 800 亿美元,实现净利润 896 亿元。中国轻革生产主要集中在河北、浙江、广东、河南等十大省份,产量约占全国轻革总产量的 95%以上。

❖❖❖ **行业发展趋势**

我国皮革业目前拥有庞大的产业规模和完善的产业配套。我国皮革业经过多年厚积薄发式发展,以新技术支持取得了显著效果。例如:人工智能、智能制造、信息技术、绿色化学、现代化工过程控制技术、生物技术等的引入和交叉融合,使得皮革业的生产条件发生了天翻地覆的变化,总体生产技术条件已迈入"工业 2.0"时代,正在进入自动化、智能化制造加工阶段,皮革行业的总体生产加工水平、生产装备及清洁生产状况基本处于国际先进水平。

皮革工程方向培养涵盖制革或毛皮加工、技术研发、产品销售、技术服务、生产管理、对外贸易、采购管理、质量监测及检测等多个产业链、关键环节的专业技术人才。皮革工程方向毕业生在就业市场上属于"稀缺资源",在行业及行业相关的各个领域,非常受欢迎。皮革工程方向的毕业生可在上下游产业就业。

➡➡染整业

纺织品是人类一生都离不开的物品,它既能满足人们的日常衣着、修饰和室内外装饰的需要,还可用于工农业生产和国防建设等方面。纤维是纺织业的基础,所有纺织品都是以纤维为原料,经过纺纱、织造和染整加工而制成的。染整是一种加工方式,也是前处理、染色、印花、后整理和洗水等的总称,是纺织产业链中的重要组成部分,对提升纺织品附加值、带动服装业发展起着关键作用。纺织产业是我国国民经济的支柱产业,我国是世界最大的服装消费国和生产国,人才需求旺盛。

❖❖我国染整业发展简史

我国对纺织品进行染色和整理加工已有悠久的历史。在旧石器时代晚期,我国人已经知道使用矿物颜料染色;夏代至战国期间植物染料逐渐出现;秦汉时期设有平准令,主管官营染色手工业中的练染生产,红色银朱化学颜料在中国出现;隋唐时期,在少府监下设有织染署;宋代官营练染机构进一步扩充;明清时代除在南、北两京设立织染局外,在江南还设有靛蓝所供应染料;19世纪中叶以后,我国的染坊仍然处于手工业状态。20世纪初,随着国外印染机械和化学染料的发展,国内的练染业也逐渐使用进口的机械染整设备。1912年,上海开办启明染织厂,并广泛应用化学染料和助剂;20世纪30年代后,中国开始自造部分染整设备和染料;中华人民共和国成立以后,我国已经逐步发展为世界印染大国。

❖❖染整业简介

产业链

染整业产业链包括上游的原材料及机械设备,中游的纺织品染整,以及下游的终端用品加工等(图9)。

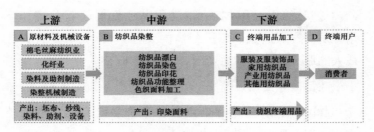

图9 染整业产业链

产量及变化

根据国家统计局数据,2020年,规模以上印染企业印染布产量为525.03亿米,主营业务收入为2 541.32亿元,实现利润总额126.68亿元,完成出口交货值345.91亿元。

2020年,全国印染企业排行榜显示,盛虹集团、青岛凤凰印染、三元控股集团、愉悦家纺、鲁泰纺织、华纺、乐祺纺织集团、宝纺印染、佳联印染、航民股份成为中国十大印染企业。从名单整体情况来看,我国江浙地区纺织业更为发达。

❖❖❖行业发展趋势

纺织业实现低碳经济发展对行业的未来极其重要。作为纺织业产业链中最重要的组成部分,染整业要加快产业转型升级、革新工艺技术,实现低碳经济发展,转变现有落后的行业发展模式,对接国际行业发展标准。我国染整业正向着"科技、时尚、绿色、数字化"的方向发展:科技创新是转型基石。未来染整业要想实现高质量发展,必须走科技创新之路,无水少水染色、无盐染色、数码印花、智能印染等新技术与新装备的开发与创新要不断持续。染整业是赋予纺织品色彩、图案、功能性以及保证纺织品内在品质的重要环节,是具有高创意、高市场掌控能力、高附加值特征、能引领消费流行趋势的时尚产业,面对消费新需求,时尚将成为印染行业的新引擎。染整业的绿色发展正深度整合于整个纺织业产业链、价值链的各个环节和产品服务的整个周期,是实现可持续发展的重要手段。清洁生产技术、污染物治理与资源回收利用技术的推广与深化将成为企业绿色转型的关键。数字化赋能是高质量的引擎。印染流程复杂,要想提高产品质量和生产效率,智能化生产是关键,尤其是提高关键单机自动化、数字化水平,加入大数据分析,建立工艺优化

举足轻重:相关行业发展简史

模型，提高智能配色、工艺自动化水平等将成为今后印染数字化发展的主要方向。

→ →包装业

产品＋包装＝商品。大家都知道"买椟还珠"这个寓言故事，由于椟制作得实在太精美、太吸引人，顾客想拥有椟的欲望甚至超过了装在椟里更有价值的珠，暂且不论故事中的购买者是如何想的，但足以说明优秀的产品包装具有极大的诱惑力和魅力。我国作为全球最大的消费市场之一，已成为世界包装大国，包装行业人才需求旺盛。

❖❖❖中国包装业发展简史

包装业发展的历史，大致可分为原始包装的萌芽、古代包装、近代包装和现代包装四个基本阶段。原始包装的萌芽阶段主要是指原始社会的旧石器时代；古代包装阶段时间最长，纵跨了原始社会后期、奴隶社会和封建社会，出现了袋、兜、陶器、玻璃、青铜等人工材料制作的包装容器；近代包装阶段是指公元 16 世纪到 19 世纪，纸包装和包装机械开始出现；现代包装是在近代包装的基础上发展起来的，包装材料和容器丰富化，包装机械多样化、自动化，包装设计进一步科学化、艺术化。

❖❖包装业简介

产业链

包装业产业链长,一般跨越几个大类行业,如图 10
所示。

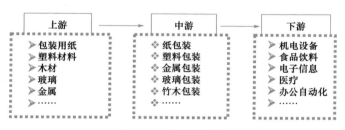

图 10　包装业产业链

产量及变化

2015—2020 年,我国包装业规模以上企业数量呈稳
步上升的趋势。这反映行业入局者逐渐增多,市场竞争
日益激烈。中国包装联合会统计数据显示,2020 年,我国
包装业规模以上企业有 8 183 家,比上一年增加了 267 家。
2020 年,全国包装业规模以上企业实现销售收入
10 064.58 亿元。从细分市场看,纸包装是包装业最大的子
行业,包装业各子行业营业收入占比情况如图 11 所示。

❖❖行业发展趋势

目前包装业技术人才匮乏,创新能力不足,未来人才
需求会比较旺盛。未来我国包装业发展趋势将以绿色、

低碳、环保为发展主轴，地区格局将会改变，结构调整会加快（图 12）。

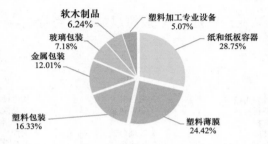

图 11　包装业各子行业营业收入占比情况

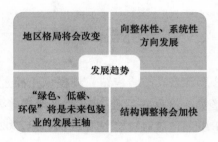

图 12　包装业发展的趋势

　　包装业发展的具体措施包括：坚持绿色发展方向，深入实施包装业可持续发展战略；努力实施技术创新，制定一批绿色包装标准，支撑绿色包装业发展；推动业态转型提升，构建数字化包装生产与应用体系；紧紧跟随我国工业数据发展和应用的步伐，抓住产业数字化、数字产业化赋予的机遇，构建具有世界先进水平的数字化供应链体系;持续推动科技创新,增强内生科技创新能力;强化企业的创新主体地位,开展国际科技合作,提高科技创新国际化水平,构建产学研相结合的科技创新体系,探索对企业主体、产业联盟、区域合作创新的有效支持方式,形成具有区域优势的产业集群,以区域创新推动区域协调发展。

➡➡印刷业

印刷术是中国古代四大发明之一。印刷术的发明被称为"知识开始自由复制并快速展示生命力"的转折点。美国著名的《大西洋月刊》所评世界50个最伟大的发明中,印刷术排名第一。印刷术是图文信息的复制技术,印刷品是传播科学文化知识的信息载体、信息传递的工具、文化传播的媒介、艺术作品的再现、美化包装的方式、商品宣传的手段,是人们日常生活的精神食粮与物质基础,印刷品已成为人类生活不可缺少的一部分。印刷业是我国国民经济的重要组成部分。目前我国已经成为世界印刷大国,人才需求旺盛。

❖❖我国印刷业发展简史

我国的印刷术给全人类的文明发展贡献了一份厚礼,经历了雕版印刷和活字印刷两个阶段的发展。唐朝出现了雕版印刷术,北宋毕昇发明了活字印刷术,活字印刷术后来陆续传到朝鲜、日本和欧洲。近代印刷术以机械、光学、化学、电气印刷业的应用为特征,现代印刷术以计算机应用于印刷为特征,特别是 20 世纪 80 年代,计算机技术的运用使从排版到印刷的过程空前简化,出版印刷的效率大大提高。现今,中国印刷业已逐步形成庞大的工业体系,中国也是世界印刷大国。

❖❖❖印刷业简介

产业链

印刷业产业链如图 13 所示。

图 13　印刷业产业链

产量及变化

根据国家统计局数据,2020 年,我国印刷业企业总资产为 6 267.8 亿元,企业营业收入为 6 472.3 亿元,印刷全行业工业总产值为 1.3 万亿元。2017—2020 年,印刷业营业收入与营业利润保持在高位运行状态(图 14)。

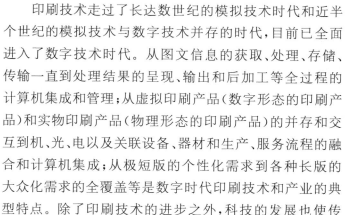

图 14　印刷业 2017—2020 年营业收入与营业利润

　　印刷技术走过了长达数世纪的模拟技术时代和近半个世纪的模拟技术与数字技术并存的时代,目前已全面进入了数字技术时代。从图文信息的获取、处理、存储、传输一直到处理结果的呈现、输出和后加工等全过程的计算机集成和管理;从虚拟印刷产品(数字形态的印刷产品)和实物印刷产品(物理形态的印刷产品)的并存和交互到机、光、电以及关联设备、器材和生产、服务流程的融合和计算机集成;从极短版的个性化需求到各种长版的大众化需求的全覆盖等是数字时代印刷技术和产业的典型特点。除了印刷技术的进步之外,科技的发展也使传递信息的媒介更加多样。

❖❖❖行业发展趋势

印刷网络化、数字化

　　印刷业务的网络化、数字化可以同时整合个性化与

举足轻重：相关行业发展简史

市场化元素，满足市场竞争和客户不断增加的个性化
需求。

传媒方式多样化与新兴媒体深度融合

当前数据采集、处理、输出、管理、色彩再现与发布等
正从数字化、网络化向云计算、多终端、全链路等趋势发
展，传统媒体的传播急需和新兴媒体深度融合发展。

印刷新技术

无水印刷技术使用硅胶油墨来代替传统的润版液排
墨，减少了印刷过程中各种废液的产生。3D打印、印刷
电子、印刷显示、印刷电池及生物印刷等技术是可改变印
刷业的新技术。

用数据监控成本和环境

使用数据库进行生产管理并对生产过程中产生的废
弃物进行分类处理和监控，能够达到降低生产成本及保
护环境的目的。生产过程中产生的各种废弃物也可以进
行循环再利用。

原真色彩印刷和广色域印刷将广泛应用

数码相机原稿输入的普及、喷墨打印机的广泛使用，
以及色彩系统数字化工作流程体系的构筑，将使得原真
色彩印刷和广色域印刷得到广泛应用。

➡➡香料香精业

香料亦称香原料,是一种能被嗅感嗅出气味或味感品出味道的物质,是用以调制香精的原料。除部分食用香料外,多数香料不能单独直接使用,只有在配制成香精以后才能用于食品、化妆品、烟草、药品、纺织品、饲料、皮革、油墨等加香产品。香精是由两种或两种以上的香料和附加物(溶剂、载体、抗氧化剂、乳化剂等)调配出来的混合物。香料香精业发展好,人才供不应求。

❖❖我国香料香精业发展简史

香料业历史悠久,可追溯到五千年前的黄帝神农时代,那时就有采集植物作为香精来驱疫避秽的记载。在夏、商、周三代就已使用香粉、胭脂等化妆品;唐代香料被广泛应用,唐代为香文化的成熟和完备奠定了坚实的基础,是我国香文化发展史上不可忽视的阶段;"丝绸之路"让我国香料远运西方,比较兴盛的时代是 12 世纪至 14 世纪的南宋和元朝时代;20 世纪初期,上海已有不少香料、香精、化妆品代办商,开始创建民族香料工业,李润田创建了鉴臣香料厂,开创了我国香料工业的先河;中华人民共和国成立后,我国香料香精工业体系逐步完善,迈入新的发展阶段。

❖❖❖香料香精业简介

产业链

香料香精业产业链由上游的香原料业、中游的香精业、下游的消费品制造业组成(图15),香原料业和香精业二者结合构成通常所说的香料香精业。香料香精业是国民经济中科技含量高、配套性强、与其他行业关联度高的行业。很多民生用品的生产企业,都在考虑是不是可以将自己的产品变成有香味的产品,以提高在市场上的竞争力。

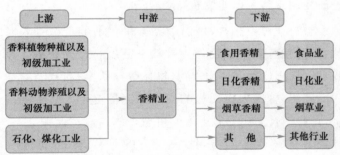

图15 香料香精业产业链

产量及变化

根据中国香料香精化妆品工业协会公布的数据,截至2021年年初,我国能生产100余种天然香料和1000余种合成香料。随着改革开放政策的不断深入,我国香料香精生产企业数量不断增加,现有企业1000多家,年

40

产值达亿元以上的企业有 50 余家。我国加入世界贸易组织（WTO）后，合成香料产业逐步参与国际市场竞争，在世界香料香精业崭露头角。我国香料香精业的生产和发展，是同食品工业、饮料工业、日化工业等配套行业的发展相呼应的，下游行业日新月异的变化，促使香料香精业不断发展，产品质量不断提升，品种不断增加，企业规模不断扩大，产品产量和销售额逐年上升。

根据中国香料香精化妆品工业协会公布的数据，2005—2019 年，国内香料香精业市场销售额持续增长。2019 年，我国香料香精产量增加到 1 850 吨，同比增长 3.29％。由于国内市场发展较晚，远未达到饱和状态，预计未来，我国香料香精业将继续呈现又好又快的发展趋势。

随着世界各国，尤其是发展中国家经济的快速发展，人们的整体消费水平不断提高，对食品、日用品的品质要求也越来越高，工业的发展、消费品的拉动，促进了香料香精业的全球化发展。根据中国香料香精化妆品工业协会公布的数据，全球香料香精业 2019 年市场规模为 282 亿美元，同比增长 3.68％。从近几年全球香料香精业的情况来看，香料香精的世界需求量将继续增长，在发展中国家拥有广阔发展前景。

国内香料香精企业不断提高技术水平和产品质量，

诞生了一批优质企业,如华宝香精股份有限公司、爱普香料集团股份有限公司等在国际市场上的份额和地位得以明显提升,将在中高端市场与国际大公司展开竞争。同时也为专业人才开辟了新的就业空间。

❖❖❖行业发展趋势

香料香精业在国民生活生产中已经发挥出了极为关键的作用,逐步成为与人民生活密切相关的重要行业。香料香精业市场广、用量大,在我国称得上朝阳工业。从客观上来讲,我国香料香精业已经得到了较为稳定的发展,与其他配套行业的发展水平相适应。反过来看,随着国内食品、饮料、化妆品、洗涤剂及其他相关行业的不断发展,对香料香精业的需求量不断增长,也会对香料香精业的发展产生关键的促进作用,有效推动香料香精业的发展与壮大。综合而言,我国香料香精业已经逐步朝着国际化的方向发展,已具备一定竞争能力,在国民经济中发挥了重要的作用。

➡➡化妆品业

现代化妆品业属于密集型高科技产业,涉及面颇广,是我国轻工行业中的支柱产业。我国是世界化妆品消费大国,行业发展前景好,人才供不应求。

❖❖❖ 我国化妆品业发展简史

我国美容文化的历史源远流长。远古时期,使用天然的动植物油脂对皮肤做单纯的物理防护;商、周时期,宫廷妇女开始化妆;春秋战国之际,化妆在平民妇女中逐渐流行;殷商时,因配合化妆、观看容颜的需要而发明的铜镜,更加促使化妆习俗盛行;两汉时期,随着社会经济的高度发展和审美意识的提高,化妆的习俗得到新的发展,无论是贵族还是平民阶层的妇女都会注重自身的容颜装饰;两宋时期,书籍中记载了不少美容配方,当时杭州已成为化妆品生产的主要基地;元代许国桢的《御药院方》中收集了大量的宋、金时期的宫廷美颜秘方;清末仅北京一地就有胰子店70多家;20世纪初,在上海、云南、四川等地出现了一些专门生产雪花膏的小型化妆品厂。现今我国化妆品业仍有巨大进步空间。

❖❖❖ 化妆品业简介

产业链

化妆品业长期增长,脉络清晰,带动产业上、下游繁荣发展。沿着产业纵向流通的顺序,化妆品业可拆解为原料端、设备供应与生产端、品牌端、代理端及渠道端五个环节(图16)。

图 16　化妆品业产业链

产量及变化

2019 年,中国香料香精化妆品工业协会根据规模以上企业数据统计,全年主营业务收入为 1 256.32 亿元,利润总额累计为 142.82 亿元;企业主要分布在华南地区。

改革开放之初,我国化妆品年销售额只有 3.5 亿元,2020 年化妆品销售额达 3 400 亿元。

根据中国香料香精化妆品工业协会统计的数据,2018 年,全球化妆品消费排名前十的国家大多是发达国家,虽然近年来我国化妆品消费总额一直处于第二位(图 17),但我们应该看到,我国人均化妆品消费量并不高。

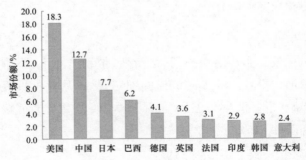

图 17　2018 年全球化妆品消费排名前十的国家的市场份额

✧✧✧ 行业发展趋势

随着科技发展,化妆品业整体技术水平也在提高,包括添加剂载体新技术,提高产品、原料有效性和安全性的技术,中草药的提取、分离、优化技术,植物原料的组织培养技术等。

人工智能技术将在化妆品和护肤领域广泛应用

利用人工智能设计护肤品的有效配方,用人工智能技术帮助人体美妆,利用人工智能技术保护皮肤和预测皮肤的变化,制订有效的护肤个性化方案等都可能成为主流趋势。

加大科技投入

在稳定中提升化妆品质量,是参与未来竞争的必要条件。化妆品业的质量与科技投入呈正比关系,走向全球的企业已经加大了科技投入,建立了相关的实验室、研究所,或者走上与大学或专业机构合作的产学研一体化的道路。

中医药理论和中药组方技术在化妆品开发中的应用

化妆品是物理混合物,暗合中医皮肤外用药理论。随着绿色、健康、环保等化妆品理念的日渐盛行,根据中医药理论改善化妆品配方,运用中药组方技术研发新产品,会成为未来发展的趋势。

举足轻重：相关行业发展简史

建立健全化妆品业的监管机制

良好作业规范（GMP）是一套适用于制药、食品等行业的强制性标准，要求企业从原料、人员、设施设备、生产过程、包装运输等方面按国家有关法规达到卫生质量要求。2021年1月1日，国务院颁发的《化妆品监督管理条例》（国令第 727 号）开始实施。该条例引进世界卫生组织（WHO）认证的原料标准与规范，可以明确区分限用原料与用量，以及禁用原料名单，从源头上消除化妆品安全隐患。

国产化妆品品牌将逐渐崛起

在我国化妆品市场上跨国公司依然占据着霸主地位，排名前列的公司依次是欧莱雅、宝洁、联合利华、雅诗兰黛和资生堂等，这些国际品牌占据了我国化妆品市场份额的 70% 以上。预计，未来 5 到 10 年本土品牌将逐渐崛起，佰草集、韩束、百雀羚、珀莱雅、自然堂等国产化妆品牌崛起趋势明显。

化妆品企业需要大量高素质专业人才，比如硕士和博士等高端人才走入企业，可以承担企业管理和技术研发等工作。

轻声慢语:带你走进轻工类专业

不徐不疾,得之于手而应于心。

——庄周(庄子)

▶▶轻化工程专业:制浆造纸工程方向

➡➡专业(方向)介绍

轻化工程专业(制浆造纸工程方向)(专业代码081701)以植物纤维原料为研究对象,以化学、化工、材料等相关学科作为理论基础,是研究纤维基材料的组成、结构与性能及加工过程的变化规律和方法的一门工程科学。此专业重点学习植物纤维原料用于制浆造纸过程的原理与工程相关问题。制浆造纸工程是与林学、农学、生物工程、信息工程、环境工程、机械工程等学科交叉的学科,具有广阔的发展空间。要求学生掌握制浆造纸和生物质炼制方面的基本理论和基本知识,接受从事研究与应用的专业基本训练,能在专业相关行业的企事业、研究机构及院校等单位从事生产实践、科研及教学等工作。学生毕业后能够具备以下能力及素质:制浆造纸工程方向培养学生德智体美劳全面发展,具有良好的自然科学基础和人文社会科学基础,具有良好的职业素养、团队精神、创新意识、沟通交流与自我提升能力;具备环保理念、社会责任感和国际化视野,系统掌握轻工及化学、化工、高分子、计算机等相关学科基础理论知识,掌握制浆造纸工程相关行业工业过程的基本原理、工程设计方法等专门知识,具有利用现代工具对相关复杂工程问题进行分析、研究和解决的能力;能够在制浆造纸工程及相关领域从事工程技术、质量控制、产品开发、商品检验、经济贸易、企业管理及教学科研等工作。

➡➡ **就业方向**

我国制浆造纸业是产品供不应求的行业,全国每年要花费近 50 亿美元进口各种纸产品。世界上有关制浆造纸业的设备公司、化学品公司、电气自动化公司、投资公司也纷纷抢滩中国市场，欲在中国纸和纸板市场大展宏图。这也给制浆造纸专业毕业生的就业和创业创造了良好条件，就业前景好，就业率高。

我国已经成为世界纸与纸制品行业重要的生产与消费中心。近年来，我国纸与纸制品行业在产业结构、产业布局、原料结构、装备技术水平、污染治理、环境保护和可持续发展方面取得了长足进步，生产工艺和产品质量得到稳步提升。我国制浆造纸企业的总数在逐年减少，但纸和纸板产量却呈快速增长趋势。制浆造纸业发生的巨大变化得益于制浆造纸业大量人才的培养和行业整体科学技术的进步。但是，我国制浆造纸业在高速、持续增长的过程中，也面临愈来愈严峻的压力和障碍，比如纤维资源短缺、水资源匮乏、污染排放量超负荷、重大技术装备依赖进口产品等问题。这些是产业进一步发展必须解决的问题，也是今后高校制浆造纸工程方向重点研究的问题。

❖❖❖从事行业

制浆造纸工程方向的毕业生就业前景广阔，可以到各级制浆造纸、包装、化纤、造纸化学品、环保等相关企事业单位做技术人员，或在高等轻工院校及轻工、机械、纺织、林业、化工系统从事相关专业的教学、工程设计和管理工作,或是留在学校继续深造攻读硕士和博士研究生学位。

❖❖❖ 职业发展路线

技术路线

制浆造纸业是朝阳产业,需要大量有专业知识和专业技能的人才,企业为从事技术工作的人才设定了技术晋升通道:随着自身技术水平的不断提高,经验的不断积累,可以从助理工程师晋升到总工程师。

管理路线

对于具备一定管理能力的专业人才,可以在相关行业从事管理工作,同样有着管理晋升通道,根据个人能力和业绩,可以晋升到高级管理层。企业中技术通道和管理通道可以根据个人的意愿和能力进行横向发展,实现自我价值。

科学研究、工程设计和教育教学

我国制浆造纸技术研究创新平台主要由专业科研机构、高等院校和企业技术研发部门组成,根据不完全统计,截至 2021 年 4 月,我国制浆造纸业内具有较高影响力的主要科研机构共有 48 家。其中行业性专业科研院/

所和工程设计院/公司有 22 家,设立制浆造纸专业的高
等教育机构有 26 所,优秀本科毕业生可以进一步深造,
取得硕士、博士研究生学位,进入高校、研究院、大型企业
从事教学科研等相关工作。

国家公务人员

制浆造纸工程方向毕业生还可以选择对应的国家机
构,如行业协会、海关、专利局、轻工局等部门从事相应的
行业管理、进出口检验检疫、专利审批等工作。

❖❖ 工作地点

制浆造纸相关企业、研究设计机构遍布全国,尤其是
广东省、山东省、浙江省、江苏省、福建省等地就业选择的
机会更多。近五年,制浆造纸工程方向的就业地区主要
集中在华中、华南和西南等地区。

➡➡ 学术深造与专业发展前景

❖❖ 制浆造纸工程方向学术深造

在硕士及博士研究生阶段,制浆造纸工程方向主要
从功能化、清洁化、高效化等角度出发,在制浆造纸机械
研发、制浆造纸工艺优化、特种纸及制浆造纸助剂开发等
领域进行学术深造。随着研究的不断深入,制浆造纸工

轻声慢语：带你走进轻工类专业

程方向毕业生有机会接触并参与解决国家重大科学及工程问题，从根本上解决我国制浆造纸业长期面临的被国外企业和组织进行技术封锁等难题。

国内制浆造纸工程方向高层次人才培养体系

制浆造纸工程方向是一门围绕着如何将植物纤维高效、快速、清洁地转化为满足人们日常和特殊环境下使用需求的纸张而开设的学科，其中涉及大量科学及工程问题。随着现代造纸技术的发展，中国造纸行业已经完全摒弃了传统的高污染、高耗能、高成本式制浆造纸方法，取而代之的是高度数控化、清洁、高效的制浆造纸方法。因此，我国制浆造纸业对造纸人才提出了更高的技术要求。

国内制浆造纸工程方向的师资力量雄厚，有坚实的学科支撑，并建立了从本科、硕士到博士以及博士后层次的完整人才培养体系（表1）。

近年来，中国制浆造纸企业装备向大型化和高速化方向发展，集中化、智能化、高效化、零排放化是中国造纸人追求的发展目标。很多中国制浆造纸企业建立了自己的技术研发中心，在新产品开发和新技术应用上投入了大量的资金、人力和设备。在缩短新产品开发周期的同时，确保了产品质量，有效地促进了中国制浆造纸业的升级。在这一历史背景下，制浆造纸业为毕业生提供了一个展现自我的广阔舞台，每年新增的数万个工程师岗位为制浆造纸工程方向的毕业生提供了磨炼自己、提升自己的机会。"没有理论指导的实践是盲目的实践"，中国制浆造纸业需要千千万万个有知识、有能力、有担当的年轻人在制浆造纸工程方向深耕细作，开发出我国自主的技术和产品。

制浆造纸工程方向毕业生除了可在制浆造纸业内发挥个人聪明才智、钻研业务并提升自身价值以外，还可在制浆造纸相关行业，如生物炼制、石油化工、精细化工、生物发酵、高分子材料、环境工程、包装材料、物流管理和机械制造等领域继续深造或就业。这些学生能够在比较广阔的领域得到发展，得益于制浆造纸工程方向特色鲜明的课程设置及个性化培养方案设计。在全力探索领跑全球工程教育的中国模式、中国经验，助力高等教育强国建设的大背景下，按轻工类的课程设置制浆造纸工程方向的基础课程，强化通识教育，重视对学生工程能力的培养。强调学以致用，培养学生积极主动地发现问题和解决问题的能力。遵循全方位、个性化发展的人才培养理念，培养德智体美劳全面发展的创新应用型人才，使制浆造纸工程方向毕业生在未来的工作中能够做到不忘初心、勇担使命。

国外制浆造纸工程方向相关的研究机构

在国外，也有很多高校或研究所设有与制浆造纸和造纸化学品相关的研究方向，部分高校和研究所也招收本科、硕士、博士和博士后进行制浆造纸机械研发、制浆造纸工艺优化、特种纸及制浆造纸助剂开发和制浆造纸废弃物高值化利用等领域的研究。

例如，在魁北克大学、不列颠哥伦比亚大学、麦吉尔大学、纽布伦斯威克大学、麦克马斯特大学、加拿大制浆造纸研究所、威斯康星大学、北卡罗来纳州立大学、马里兰大学、缅因大学、佐治亚理工学院、阿尔托大学、图尔库大学、格勒诺布尔理工学院、亚洲理工学院、皇家理工学院等均设有制浆造纸工程方向或其他相关专业，如林业、农业领域的相关专业，可进行传统制浆造纸工程方向和新兴生物质资源与材料方向的研究。

制浆造纸与新能源——生物质资源化利用

在全球能源危机和环境问题日益加剧的背景下，绿色可再生资源成为世界范围内的研究主题。生物质资源因其来源丰富、可再生、可生物降解、生物相容性好等诸多优点而成为能源、材料、工业等领域的新兴研究热点。人类社会的发展见证了制浆造纸工程方向涉及的木质纤维素资源所发挥的作用,它满足了原始人类对建筑材料、饲料、燃料和肥料的迫切需求。随着植物纤维化学和制浆造纸学科的发展,木质纤维素资源的利用也被细化,分别是纤维素、半纤维素和木质素。其中以碳含量较高的木质素作为原料,借助农业科学、生物化学、机械工程、化学工程、环境工程等多学科的融合交叉,通过高分子化学、生物化学、界面化学等改良性手段,将木质素资源用于制备生物质基柴油。生物质基柴油是典型的绿色新能源,具有环保性能好、发动机启动性能好、燃料性能好、原料来源广泛、可再生等特性。大力发展生物质基柴油对经济可持续发展、推进能源替代、减轻环境压力、控制城市大气污染具有重要的战略意义。

制浆造纸与数据分析——大数据

"大数据"是当下热词,它凭借规模超乎想象的资讯数据,通过收集、分析、存储的一些新方法,正深刻地改变着人们生活、生产的方方面面。在利用大数据上,制浆造纸业正在努力赶上时代的步伐,把海量的数据经过专业化的特定分析、处理,精准营销,优化生产。通过应用大数据技术,对制浆造纸原料的海量历史数据进行深层分析、挖掘，快速获取有价值的信息，形成可供推广的生产操作指导方案和风险评估技术，开辟应用大数据技术解决制浆造纸生产问题的新途径。强化制浆造纸工程方向相关毕业生的培训，让他们掌握大数据的基本用法，能够寻找有效数据并将其用于生产优化，通过在浩瀚的生产数据中分析重点数据以寻求生产规律，实现制浆造纸的生产优化。

制浆造纸与生物产业——生物制浆

生物制浆是多个学科的组合生产工艺技术，它以生物分解为主，配合各种物理破解与机械破解交叉组合的复合工艺，真正实现造纸行业梦寐以求的无污染、无异味、无悬浮物、节水、节电、节煤、节省原材料、降低生产成本的愿望。生物制浆采用是一种洁净的制浆生产线，生产用水全部封闭循环使用，它彻底改变了全世界已应用几百年的排出废液的化学制浆法。所以，以生物制浆为主、物理破解为辅的革命性创新制浆技术是一种清洁、环保的制浆工艺。以两家上市公司为例，山鹰纸业公司2004年投资5 557万元建立污水处理系统，金东纸业在建厂7年时投入环保设施工程的资金已高达9亿元。采用生物制浆工艺没有任何污染物产生，每年可为国家和企业节省大量治理污染资金。

制浆造纸与新材料——生物质基功能化材料

生物质基功能化材料是利用可再生物质,包括农作物、树木和其他植物及其残体、内含物为原料,通过生物、化学以及物理等手段制造的一类新型材料。它主要包括生物塑料、生物质基功能高分子和功能糖产品等,具有绿色、环境友好、原料可再生以及可生物降解等特点。制浆造纸工程方向的研究对象正是这一类木质纤维原料。新材料产业是我国战略性新兴产业,利用丰富的农林生物质资源,开发环境友好和可循环利用的生物质基材料,最大限度地替代塑料、钢材、水泥等材料,是我国新材料产业发展的重要方向。以生物质为原料转化制造的生物塑料、节能保温材料、木塑复合材料、热固性树脂材料、生物质基单体化合物、生物质基助剂、表面活性剂等大宗精细化学品的种类快速增加,产品经济性逐步增强。我国超前部署了生物质基材料前沿、高端制造技术,构建科技创新研发平台,延长制浆造纸产业链,支撑并引领生物质基材料战略性新兴产业的发展,大大提高了制浆造纸业的可持续性发展。

轻声慢语:带你走进轻工类专业

➡➡制浆造纸业在国民经济中的重要性

✤✤产业发展现状与特点

　　制浆造纸业的产业链长，涉及面广，主要以木材、竹、芦苇、秸秆等原生植物纤维和废纸等再生纤维为原料，上游产业广泛涉及农业、林业、化工、机械制造、电子仪器、能源电力、环保、贸易物流等领域；造纸产品应用的下游产业包含文化传播、印刷出版、生活居住、卫生护理、商务办公、贸易物流、交通运输、教育培训、产品包装、装潢、工农业技术、科研国防等多个方面。

　　制浆造纸业作为重要的基础原材料产业，在国民经济中占据重要地位。发达国家或工业强国大都建设有一个强大的制浆造纸业，它是其经济中的支柱产业之一。

　　现代制浆造纸业具有典型循环经济属性

　　现代制浆造纸业已发展成一个完整的低能耗、低排放、可实现自然界碳循环的循环经济体系，是我国经济中具有循环经济特征的重要基础原材料产业和新的经济增长点。目前生物质精炼是全世界研究的热点，用可再生的生物质替代石化资源制备生物质基材料、生物质基能源是人类健康、可持续发展的必由之路。造纸所用的原料均是生物质基资源,林业"三剩物"(采伐剩余物、造材剩余物和加工剩余物)、废纸、农业秸秆、制糖工业的废甘蔗渣和造纸行业自身固体废弃物的大规模回收、利用,使我国造纸工业中有 77% 的原料来源于各类固体废弃物,有约 20% 的能源来源于固体废物,有 70%～99% 的制浆化学品来源于造纸过程中产生的固体废弃物。

现代制浆造纸业更注重环保和可持续发展,通过清洁生产,形成了一套完整的良性循环经济产业链,其包括造纸行业的 5 个循环圈:林、竹、苇、农、纸一体化,实现原料来源的绿色大循环;废纸或废纸板回收再制浆,实现产品从生产到消费,再到废弃物回收,最终回到生产和消费的大循环;生产过程多渠道回收化学品、水和能源等,实现生产体系内部的大循环;污染物资源化社会的再利用,实现减量再生大循环。

纸及纸板是国家重要的工业品

纸及纸板与煤炭、石油、钢材等的产量及人均消费量,是衡量一个国家综合经济实力的重要指标。2019 年,世界纸及纸板人均消费量约 58 千克每年,中国为 75 千克每年,发达国家为 150～300 千克每年,我国仍有巨大的发展空间。

❖❖❖ 与人类生活息息相关

纸和纸制品不仅可以作为印刷书写之用，还广泛地应用于工业、农业、国防军工、科学研究、医疗卫生、文化教育等各个领域。当今的纸可以达到坚如钢，软如棉，薄如纱，白如玉，烧无灰，泡无渣。下面就是与我们密切相关的形形色色的纸：印刷用纸（新闻纸、图书纸、地图纸、涂布纸、邮票纸、铜版纸、扑克牌纸等）；文化用纸（书写纸、素描纸、制图纸、复写纸、蜡纸等）；生活用纸（卫生纸、餐巾纸、化妆纸、镜头纸、心电图纸、照相纸、名片纸、纸杯纸、餐盒纸等）；包装用纸（牛皮纸、纸袋纸、半透明纸、瓦楞纸、箱板纸、羊皮纸、茶叶袋纸、玻璃纸、防油纸等）；生产用纸（钢纸、不干胶纸、卷烟纸、空气滤纸、油毡纸、家具纸、制鞋纸板、石膏纸板、蜂窝纸板、水果套袋纸、地膜纸等）；技术用纸（滤纸、电容器纸、电缆纸、绝缘纸板、半导体纸等）；特种纸（热敏纸、除臭纸、静电记录纸、测温纸、阻燃纸、玻璃纤维纸、石墨纸等）；传统手工纸（蔡侯纸、宣纸、罗纹纸等）。

人类离不开纸，纸离不开造纸人，全国数十万的造纸人期待更多有识之士的加入，共同续写人类文明的篇章。

➡➡行业代表人物简介

陈克复

陈克复,中国工程院院士,长期从事制浆造纸工程和环境工程的科研与教学工作,为了解决中国造纸工业资源与环境方面的"瓶颈"问题,在节能降耗、减少污染的新技术研发与普及方面,特别在运用中高浓制浆技术以取代低浓制浆技术方面进行了不懈努力,成功研制出中高浓纸浆少污染漂白技术与成套装备,为中国造纸工业的清洁生产及人才培养做出了突出贡献。

李忠正

李忠正,教授,发现了禾草类纤维制浆的许多特殊规律,提出了禾草类纤维制浆的新理论,开发了低温快速制浆及低污染制浆技术,这两项技术已被推广应用。他积极倡导林纸结合,对中国林纸结合的发展起到了推动作用,为中国速生优质造纸林的培育提供了理论指导和评价体系。

姚献平

姚献平,教授级高级工程师,带领团队建成了国内首条万吨级淀粉衍生物生产线,被誉为"淀粉大王",在国际上首次成功开发针对非木材纤维造纸的多元化变性淀粉——非木材纤维专用增强剂、草浆造纸用助滤助留剂及新闻纸湿部专用化学品。

杨旭

杨旭，教授级高级工程师，1985年开始从事制浆造纸工艺设备的研究与开发工作。30多年来，他取得了一大批科技成果，如高速造纸机、大型造纸机、高速卫生纸机、多层成型特种纸机的率先成功开发等，在行业内产生了较大影响。他在关键技术的开发方面也有不俗成就，如直通式上网成型器、无后坐力摇振装置、压力成型器、三层成型斜网成型器、新型膜转移施胶机等，获得了多项发明专利。

▶▶轻化工程专业：皮革工程方向

➡➡专业（方向）介绍

✦✦培养目标与要求

轻化工程专业（专业代码为081701）的皮革工程方向具有数学、化学、化工及材料等方面的基础理论知识，掌握轻化工程专业相关的工艺原理及工程技术等专业知识，并具有皮革工程方向的工程技术研发、生产管理、质量控制等基本能力,能够在轻化工程相关行业的企业、研究机构及院校等从事工程技术、质量控制、产品开发、商品检验、经济贸易、企业管理及教学科研等工作的高素质专门人才。

✤✤ 皮革工程方向需学习的知识

皮革工程方向是一个相对小众但又独具特色的本科专业,其就业前景好,发展潜力大。它主要研究动物皮(含毛皮)生物质资源深加工和资源化综合利用,日常生活中常见的皮革相关产品,诸如真皮或裘皮服装、皮鞋、皮包、皮件、胶原基医用功能材料和胶原蛋白高价值产品等,均和皮革工程方向关系密切。

皮革工程方向作为一个典型的工科专业方向,需要学习及培养:化学、物理、机械等工科基础课程知识;工艺材料等相关的专业课程知识,良好的专业基础能力;良好的沟通和人际交往能力;良好的语言及应用能力。

➡➡ 就业方向

皮革工程方向学生的就业面较广,学生毕业后可在皮革及皮革化工相关的企业、研究机构及院校等从事工程技术研发、质量控制、产品开发、商品检验、经济贸易、企业管理、技术服务及教学科研等工作。

❖❖ 从事行业

皮革工程方向学生毕业后的具体工作领域包括：皮革加工；毛皮加工；皮革及毛皮化工；皮革机械；皮革及毛皮制品；功能材料；皮革及毛皮衍生的奢侈品销售、服务行业。

❖❖ 职业发展路线

专业技术型

皮革工程方向培养涵盖皮革或毛皮加工、技术研发、产品销售、技术服务、生产管理、对外贸易、采购管理、质量检测等多个产业链关键环节的专业技术人才。学生毕业后可从事专业技术型工作，在企业的技术研发部门担任技术工程师、产品研发工程师等。随着近年来皮革业清洁化生产的不断普及，自动化及智能化生产的逐步推广，企业生产的集成度增加，皮革业对本科及以上学历的毕业生需求十分迫切。皮革工程方向的学生毕业后，可在皮革及相关行业有很多择业机会，发展潜力大，上升机会多。

工科专业学生的专业基础和实践能力非常重要，而这些能力的培养需要良好的师资条件和专业实践环境。因此，皮革工程方向毕业生的专业能力培养也需要专业的师资队伍和实践培养条件，人才培养门槛较高，毕业生在就业市场上属于"稀缺资源"，在行业相关的各个领域非常受欢迎。

技术管理型

皮革业是一个技术性比较强的行业，生产体系随市场变化的幅度较大，技术管理比较重要。随着工作年限及经验的增长，很多从事这个行业的专业技术人才往往会转到技术管理方面，从事生产管理、质量监控等工作，这对本专业人才的职业发展来讲，是一个不错的选择。

科学研究型

科学研究是皮革工程方向人才发展的一个重要方向，它包括两个方面：一方面是皮革业与自身技术水平提升相关的科学研究，主要体现在生态皮革化学品、皮革清洁生产技术、污染治理技术、生态鞣制和污泥等固体废弃物资源化利用技术、传统的皮革或毛皮加工和废物处理、改造替代技术等；清洁化生产工艺及先进皮革或毛皮加工技术，节能减排环保创新、资源节约和再利用等技术和工艺的改进，将决定企业在未来的发展空间和前景；另一方面，科学研究包括充分利用原料皮及废弃物资源开发高附加值产品，如胶原衍生产品、功能化健康产品等。

对外贸易型

皮革业是一个全球广泛分布、国际化程度较高的传统行业。国内皮革业相关的外资企业多，各类皮革制品的贸易量大，国内外贸易往来和人员交流非常频繁。皮革工程方向的毕业生在具备一定皮革工程方向基础知识和实践能力后，可从事原料皮、化学品、皮革或毛皮制品及关联行业的进出口贸易工作。随着我国经济及行业国际化程度的不断提升，皮革业对懂技术、懂贸易、懂交流、会经营的高水平国际化人才的需求十分迫切。

分析检测型

皮革工程方向的毕业生可在上、下游产业，如质量检测、皮革及毛皮服装、皮鞋、皮件、皮革及毛皮化学品、胶原基材料研发、汽车配件、家具、体育产品、柔性穿戴产品等很多涉及皮革、毛皮和胶原材料的行业及产业从事分析、检测等方面的工作。

技术服务或销售型

皮革工程方向的毕业生在皮革或毛皮加工企业、皮革或裘皮制品生产企业、皮革化学品的生产或销售企业可从事技术服务或销售等方面的工作。在这些皮革相关的行业领域中，由于皮革工程方向的毕业生对皮革产品的性能及其在其他行业的衍生产品的应用性能比较了解，所以对市场动态及客户需求的把握比较准确，也具有其他专业毕业生所不具备的一些专业优势，发展潜力大。

总之，皮革工程方向的学生可以根据个人发展规划，既可在行业内从事技术、管理、营销、服务等不同类型的工作，又可在相关的化工、生物质等行业领域内就业，具有较为灵活的选择。同时，也可根据终身学习的发展理念，在国内外不同大学或研究机构中继续学习，取得更高的学位，在更宽的行业领域内从事技术研发、管理、服务等类型的工作。

❖❖❖工作地点

目前，皮革工程方向的毕业生在广东、福建、上海、深圳、浙江、北京、山东、广西、江苏、河南、河北、辽宁等地就业比较集中。相对而言，东南沿海地区接纳皮革工程方向毕业生的比例相对较高。这些城市大多有制革、制鞋、皮衣、皮革化工、皮件、毛皮等相关产业基地或产业集群，企业多、关联度高，专业市场比较发达，对皮革工程方向毕业生的需求量大。

➡➡**学术深造与专业发展前景**

❖❖**皮革工程方向学术深造**

在硕士及博士研究生阶段，学生主要研究与绿色化、功能化、高性能化皮革相关的化工新材料及皮革新工艺等。

国内皮革工程方向高层次人才培养体系

皮革工程方向研究动物皮胶原改性及深加工扩展范围大，在国内的相关专业都有坚实的学科基础作为支撑，具有从本科、硕士到博士以及博士后层次的完整培养体系。在设置皮革工程方向的高校中，师资力量均比较雄厚。这些高校积极服务于国家皮革产业的快速发展，成果丰硕。

国内开设皮革工程方向的学校有四川大学、陕西科技大学、齐鲁工业大学、齐齐哈尔大学、嘉兴学院等，还有一些设立轻化工程专业的学校和研究机构开设了有关皮革加工的课程，如中国皮革制鞋研究院有限公司。上述高校和研究机构已经成为我国皮革工程方向专门人才培养的主要基地。

在国内，皮革工程方向的毕业生除了可在皮革业内充分发挥个人聪明才智外,还可在皮革业外如化工、医药、生物质、石油化工、精细化工等领域继续深造或就业,拓展个人发展机会。

国外皮革工程方向相关的研究机构

在国外,也有很多高校或研究所设有与皮革、皮革清洁生产、皮革制品等相关的专业或研究方向,部分高校和研究所也招收本科生、硕士或博士研究生,进行皮革鞣剂研发、鞣制机理、加工生产及清洁工艺等方面的科学研究。

例如,在英国北安普顿大学科技学院创新皮革技术研究所,美国农业部东部研究中心,罗马尼亚纺织品、皮革及制鞋国家开发研究院,罗马尼亚科学院细胞生物学与病理学研究所,日本皮革产业联合会,东京农工大学蛋白质与皮革研究院,日本消费品终端应用研究所,东京大都会皮革技术中心,加拿大农业与农业食品部,德国朗盛集团皮革产品研究及应用中心,苏丹国家皮革技术中心,苏丹巴林大学应用和工业科学学院,印度中央皮革研究所,希腊西阿提卡大学文物及艺术品保护系,俄罗斯东西伯利亚国立工艺大学皮革及毛皮技术、水资源与商品研究系,意大利国家研究委员会生物分子化学研究所,意大利比萨大学化学与应用化学系,新西兰皮革和制鞋研究所,荷兰斯塔尔皮革学院等,均设有皮革加工、皮革综合利用及环境保护等方面的研究机构。

以上这些大学或研究机构都在不同层面进行着皮革制品、消费市场、皮革鞣制机理、新材料开发、皮革化学品开发、清洁生产及环保工艺等方面的研究。同时,也将皮革或裘皮加工过程中产生的废弃物作为生物质基材料,在材料学领域进行深入研究。世界大部分国家的大学中,皮革工程本科生或研究生阶段的教育开展得较多,研究实力各不相同,发达国家和地区的研究实力较强,师资力量较为雄厚,研究工作和市场结合较为紧密。

❖❖❖ 与新兴产业的交叉和融合

生物质资源化利用

生物质基材料因可再生、来源丰富、可生物降解、良好的生物相容性等诸多优势而成为能源、材料、工业等领域的研究热点。传统皮革制造的实质是将典型的动物生物质基材料——动物皮加工为生物质基功能材料的集成过程。在化学、化工、材料科学、纳米科技等交叉学科或领域,将电子、信息、生物、传感等技术与胶原质基复合材料的制备技术相融合,通过高分子化学、生物化学、界面化学等改性手段,将动物生物质基材料用于生物基高分子功能材料、绿色可降解化学品、传感材料、生物医用材料等的制备和加工中，衍生并发展了符合绿色化学中原子经济性思想的生物质基新材料及这一重要新型应用行业领域。

自动化生产与人工智能

传统的皮革加工过程劳动力消耗大，属于劳动密集型生产方式。现代化皮革企业中，通过各种辅助传输、自动控制、自动检测、智能化加料、出料、配色、控制生产方式的应用，大幅度降低了劳动强度。自动化、智能化生产方式已经越来越多地被应用，这也使企业技术人员和操作人员越来越专注于产品本身的质量控制和新产品开发。这些变化都得益于人工智能技术和皮革业的交叉、融合，新的生产模式正在逐渐改变皮革业。

生物工程及材料

皮革和生物、医药等专业联系密切。一方面，皮革加工过程中需要使用很多生物制剂，这些材料对于现代皮革加工来说是必不可少的。如皮革加工使用的酶制剂有不同种类的蛋白酶、胰酶等，它们通常用于皮革加工的软化过程，可以帮助皮革纤维变得更加柔软。如果没有酶制剂的辅助作用，皮革加工过程可能会需要更长的时间。另一方面，皮革加工的生皮或部分边角料可用于纺织、生

轻声慢语：带你走进轻工类专业

物、医药甚至更多的行业领域。如羊皮皮革加工过程中脱下来的羊毛,是加工羊毛衫、羊绒衫的优质原材料。同时,从清洗羊毛的水中还可以得到羊毛脂,它是一种化工材料,具有良好的保湿、润肤功能,被广泛用于化妆品行业、医药行业等诸多领域,日常使用的护手霜、润肤露等产品中,很多都含有羊毛脂组分。生皮可加工成明胶或者胶原蛋白等材料,被应用于医用材料、食品、化妆品、保健品等很多行业,作为人工皮肤、人工血管、高性能膜材料和保湿材料等在我们的日常生活中随处可见,为人类健康和美好生活发挥着重要作用。因此,皮革加工和生物、医药等领域的关系密切,与这些行业的发展相辅相成,改善着人类生活。

化工业

皮革业和化工业有着深度的交叉、融合,皮革业的发展离不开化工业;同时,皮革业为化工业提供了很多种生物质基材料,促进了化工业的发展。

皮革加工是一个复杂的化学、物理、机械加工过程,加工持续时间较长,现代皮革生产工艺中,从生皮到成品皮革,一个完整的加工流程需要 10～15 天。在这个过程中,要使用诸多皮革专用化学品和基础化工材料,目的是促进化学反应和赋予材料各类功能,从性能、组分和安全性等方面对比,这些化工材料绝大多数和人们在日常生活中使用的日化产品十分类似。例如:皮革脱脂剂的功能和日常使用的洗洁精类似;加脂剂的主要组分是天然油脂、合成油脂的改性产物等,其关键组分和润肤产品比较类似;皮革染料和服装行业使用的染料的组分基本一致。

➡➡皮革业在国民经济中的重要性

✤✤产业发展现状与特点

产业规模大、产量大、产业链完善

经过多年发展,我国皮革业形成了涵盖皮革、制鞋、皮衣、皮件、毛皮及皮革制品等主体行业,以及皮革机械、皮革化工、皮革五金、辅料等配套行业,上、下游关联度高(皮革是基础,科技是灵魂,皮革机械、皮革化工是双翼,制鞋、皮衣、皮件、毛皮服装等皮革制品是拉动力),竞争力强,上、下游十分完善的皮革产业链。从全球皮革业来看,我国皮革业已经成为世界皮革业的中心。

近年来,我国皮革业步入平稳发展新常态,成为全球最大鞋业生产中心和销售中心,形成了十分完善的产业链和发展平台,已占全球鞋产品市场份额的 60% 以上。

我国皮革业经过 40 多年的粗放式发展，目前已进入转型期，处于注重品牌建设、品质提升、环境保护及竞争力持续增强的内涵式发展阶段。

生产装备先进，自动化程度逐年提高

近年来，皮革业在装备水平方面取得了长足发展，生产设备的种类、规模、数量、质量等方面都有了提高，满足了皮革业的生产要求，部分产品已达到国际先进水平。皮革机械行业一方面强化了皮革机械的标准制（修）订，促进了规范生产和产品的质量提高，形成了建设质量标准、运用质量标准、完善质量标准的氛围。另一方面，我国的皮革机械也逐步出口到世界各地，满足全球皮革业生产的需求。

我国的皮革机械行业在生产控制系统、自动化生产技术等方面得到了突破，皮张自动输送设备实现了皮革加工从前道工序到后道工序的衔接过程中物料传递的机械化，由传输设备代替人工及叉车的搬运操作，保证了点到点连续、智能化输送，大大节省了人力。

产品质量高，竞争力强，出口创汇多

我国皮革业在世界上享有三大美誉：一是资源量大；二是产量大；三是进出口贸易量大。我国皮革业的竞争

力来自完善的产业链优势、产业的富民优势、安置就业的优势,也来自不断创新产品的优势。多年来,我国皮革产品从低端市场逐步发展、提升、突破,慢慢进入全球中高端市场,在国外传统的高端市场中具有一定的竞争优势。产品的整体质量不断提升,竞争力持续增强,为我国在出口创汇方面做出了巨大贡献。

就业容量大,富国强民,促进区域经济发展

皮革业是轻工业中的重要产业,也是国民经济的重要产业,承担着繁荣市场、增加出口、扩大就业、服务"三农"的重要任务,在经济和社会发展中发挥着重要作用。

我国皮革业集群发展迅速,已初步形成上、中、下游产品相互配套、专业化强、分工明确、特色突出、拉动区域经济发展的产业集群地区。在空间布局上,东部和中西部协调发展,推动产业有效承接。四川、河北、山东等地凭借劳动力与皮源优势,承接产业梯度转移,在新技术、新平台上实现新跨越,走转移与转型结合、提升与扩张共进的新型产业化发展之路。

上、下游产业相关度高,拉动经济发展效果显著

皮革业是畜牧业的延伸,是循环经济的重要环节。一方面,皮革业对畜牧业的副产品原料皮进行加工再利

轻声慢语:带你走进轻工类专业

用,畜牧业的健康发展为下游提供更多的原料资源;另一方面,皮革业的健康发展刺激了原皮需求量的增长,促进畜牧业发展,从而达到节约资源、环境友好、工农业相互促进的目的。畜牧业是农业的重要组成部分,畜产品的产量及其增长速度是畜牧业发展状况和结构调整的最直接反映。改革开放以来,我国畜牧业总产值一直处于增长态势。

◆◆◆ 与人类生活息息相关

皮革业发展和人类文明发展密切相关

人类对皮革加工技术的探索,从古人茹毛饮血的穴居时代就已经开始。早期人类加工皮革的方法有:在水中浸泡树叶或树皮,把动物皮在浸提液中浸泡(植鞣法);将动物油脂或骨髓等涂抹在生皮肉面上(类似油鞣法)。以上处理方法对古人加工皮革起到了启蒙作用,具有十分重要的开创性意义。

随着人类文明程度的不断提升,人类逐渐发现了硝制、铝鞣等方法,结合在实践过程中的石灰浸泡、在湿热条件下保存脱毛(发汗法脱毛)等处理方法,使皮革加工技术得到了不断提升。到明清时代,我国皮革加工技术发展到一个新高度,达到现代皮革技术出现前的顶峰,生产工艺比较成熟、稳定,产品质量上乘,但生产组织基本以手工作坊为主,体力劳动强度较大,生产规模和技术水平不高。19 世纪铬鞣法在英国问世,因用此法获得的产品性能优良,故铬鞣法得到了不断发展、完善,迅速在世界各地被推广应用、研究,成为皮革加工的主要技术方案。但随着不断的应用实践,人们发现铬鞣后如不处理废液,会对环境造成一定的污染,这也给人们留下了"皮革加工废水量大、污染严重"的印象。近年来,随着国家各项环保法律法规的不断完善、皮革鞣制技术的不断进步以及多种清洁工艺的不断涌现,企业已经通过循环废液、高吸收、完全沉淀等多种技术途径,从技术层面解决了废液污染的问题。

在国内的皮革加工企业中,鞣制工艺主要采用金属鞣剂,加工过程中使用的各类化学品已逐步向生态型化学品过渡。

在准备工序中,生产工艺采用酶处理技术、保毛脱毛、无灰浸灰、少氨/无氨脱灰、不浸酸、无铬鞣、废液循环等清洁化生产技术,配合使用高吸收、符合安全标准的化学品,使皮革加工废水处理均能够达到国家相关标准。皮革加工过程中产生的一部分固体废弃物,如废皮屑、废毛等,都可以加工成农用有机肥、饲料、工业胶黏剂、可降解膜等材料，全部实现综合利用。

　　20 世纪以来，我国皮革业进入了一个全新的发展时期，环境保护工作达到了前所未有的新高度，国家制定、出台了一系列环境保护、污水处理与排放、废弃物处理等方面的规范、标准和法律，皮革企业的环境保护意识已经建立起来。在行业引导、法律健全、技术进步、提质增效等多方面因素的影响下，皮革业都能按照清洁生产评价指标体系的约束性指标进行生产并实现达标排放。从技术层面看，皮革加工的主要技术难题已经基本解决。

皮革产业为服装、制鞋行业的发展提供了重要支撑

　　在世界各地的早期文明进程中，人类利用兽皮制衣的历史由来已久。皮革产业一直伴随着人类文明的脚步，一路为人类遮风挡雨、保暖驱寒，成为人类文明生活的必需品。

　　现代皮革服装样式及材质有了很多的选择，一般皮革服装以真皮为主要面料，真皮有全粒面、绒面或磨砂面等不同风格，并辅以纺织品及纽扣等配件，加工而成的服装产品俗称皮衣，样式有夹克衫、猎装、西服、马甲、风衣等。皮衣的材质多以绵羊皮、牛皮和山羊皮为主，也有少量猪皮服装。

几千年前，人类祖先就有了穿鞋的习惯。现代工艺加工的皮鞋以天然皮革为鞋面，以皮革或橡胶、塑料、PU发泡、PVC等为鞋底，经缝绱、胶粘或注塑等工艺加工而成。皮鞋的特点是透气、吸湿，具有良好的卫生性能，是各类鞋靴中品位较高的鞋。

我国现代皮鞋生产已有100多年的历史。由于皮鞋的款式、结构以及穿着功能都优于其他鞋类，因此我国皮鞋生产发展迅猛，成为世界上皮鞋产销量最大的国家。皮鞋进入千家万户，成为人们喜爱的一种鞋类，成为美化人们生活的大宗商品之一，在服饰类中是举足轻重的产品。

皮革业发展和化学工业关系密切

皮革化学工业是皮革业的基础，皮革化学品的技术含量高、应用性强、品种多、批量小、精细化程度高，其材料的组成、性能不仅直接影响皮革的质量和档次，还对皮革业的清洁化水平具有重要影响。皮革化学工业和精细化工及应用化学领域关系密切，有很多交集。

皮革产品的流行趋势、不断变化的市场需求，极大地促进着皮革化学品的快速发展。皮革化学原料主要包括皮革鞣剂、皮革复鞣剂、皮革加脂剂及皮革涂饰剂等。鞣

轻声慢语：带你走进轻工类专业

剂使生皮变为革,复鞣剂可满足不同皮革的特性要求,加脂剂可使皮革柔软,涂饰剂用于皮革表面修饰等。各类功能性皮革化学品的应用,可使皮革成品达到理化性能指标要求以及柔软、手感舒适自然等品质,并按需求使之具有一定的防水、防污、耐光、耐水洗、阻燃等特性。

我国的皮革化学工业不断向环保化、精细化和功能化方向发展,在国家全面推行清洁生产和节能减排技术的形势下,绿色、可持续发展是皮革化学工业的发展趋势。

和皮革业相关的高性能材料及特种领域

除了传统的应用领域外,皮革作为一种非常难得的天然生物质高分子材料,经过适当加工后,具有多种特殊功能,例如用于高端汽车内饰的阻燃皮革,用于军事领域的柔性透波材料,用于放射性元素(如铀离子)的吸附材料等。

➡➡行业代表人物简介

段镇基

段镇基,皮革及皮革化工材料专家,中国工程院院士,中国皮革和制鞋工业研究院教授级高级工程师,制革清洁技术国家工程实验室学术委员会主任。2005 年,国家科学技术部设立段镇基皮革和制鞋科学技术奖。

张铨

张铨,1921 年考入燕京大学皮革学系,1925 年毕业后留校任讲师。1937 年赴美国深造,先后获硕士、博士学位。1941 年发表论文,提出单宁与生胶原的结合是物理、化学的总和,为发展植物鞣革科学做出了重大贡献。

石碧

石碧,皮革化学与工程、轻化工程专家,中国工程院院士,四川大学轻纺与食品学院教授、博士生导师,四川大学制革清洁技术国家工程实验室主任,皮革化学与工程教育部重点实验室主任。主要从事皮革清洁技术、皮革废弃物资源化利用、植物单宁深加工利用等方面的研究工作。

▶▶轻化工程专业:染整工程方向

➡➡专业(方向)介绍

✤✤培养目标与要求

轻化工程专业(纺织化学与染整工程方向,以下简称染整工程方向)(专业代码 081701),培养学生拥有良好的科学素养,具有化学、化工、材料、高分子、机械、计算机等学科基础理论知识,系统地掌握纺织化学与染整学科基本知识、染整工艺过程的基本原理、工艺设计等专业知识,具备从事纺织材料的染整工艺设计、质量控制、生产管理及新产品研制开发等基本能力,兼顾纺织服装面料性能测试与评价能力等,能在科研、教育、企业、事业、技术和行政管理部门等单位从事教学、科学研究、技术管理、工程技术及设计、产品质量控制、商品检验、贸易等工作。

❖❖ 染整工程方向需学习的知识

通过学科基础课程的学习,学生能够掌握化学、化工、材料、机械、计算机及自动化等基础知识。通过专业课程的学习,如染整工艺原理、染料化学、染整工艺实验、染整设备、纤维化学与物理、染化助剂、专业外语、综合实验等课程的学习,学生能够:掌握染整过程的基本概念、基本原理与相关工艺技术,以及染整新技术、新工艺及其应用,熟悉国内外新理论、新工艺和新设备;具备理论与实际相结合、分析和解决印染及功能整理过程中实际问题的能力,掌握纺织材料与助剂的主要检测方法、纺织品性能测试与表征的主要技能;具有较强的专业英语应用能力;具备从事纺织品设计或相关贸易工作的能力;具有进一步攻读硕士研究生或博士研究生的良好潜质。

➡➡就业方向

染整工程方向的学生毕业后就业面非常广,可在相关企业、国家机关、教育部门、事业单位等从事纺织、染整、材料、化工等相关领域的技术开发、科学研究、教学以及与专业相关的贸易、检测与品控、管理及咨询等工作,拓展性非常强。

✣✣从事行业

毕业生除从事染整及相关行业工作外,还可从事材料、化工、检测、贸易、管理及咨询等工作,相关行业有制造业、科学研究和技术服务业、教育行业。

✣✣职业发展路线

纯技术路线

毕业生可从事染整技术开发、产品开发、检测与品控等工作。与本专业相关的染整业是成熟型、综合型产业,要求人才具有化学、化工、高分子材料、颜色科学、环境科学、机械、自动化控制等多领域的相关知识。近年来随着行业向生态化、智能化方向逐步转型升级,从业人员除需

轻声慢语:带你走进轻工类专业

要具有扎实的专业基础外，还需要不断补充新知识以解决新问题。

由技术路线转为技术管理综合路线

毕业生可从事技术管理岗位，如生产厂长、技术总监、部门主任、技术科科长等的工作。本专业优秀的技术人才经过一定时间的工作经验积累后，均可转向技术管理岗位，具有很大的上升空间。

技术服务路线

毕业生可从事技术服务、销售和业务、国际贸易、检验检疫、行业分析等工作。相关产业如服装、国际贸易，以及海关、专利局、市场监督管理局、检验检疫局和第三方检测机构等的服装检测部门均需要大量具有轻化工程专业（染整工程方向）背景的人才。

科学研究路线

有志从事科学研究的毕业生可就职于行业相关研究院和企业研究部门，也可进行进一步学术深造，报考纺织化学与染整工程方向研究生，或考入化学、化工、材料、生物等相关学科，进行交叉领域的学术研究。

❖❖❖ 工作地点

学生毕业后主要在上海、浙江、江苏、福建、广东等沿海发达省市就业。以东华大学为例,学生毕业后在上海就业的超过 70%,在沿海发达省市就业的超过 95%。

➡➡ 学术深造与专业发展前景

❖❖ 染整工程方向学术深造

　　基于染整工程方向所学的专业知识——无机化学、有机化学、物理化学、分析化学、高分子化学与物理、纤维化学与物理相关内容,学生毕业后可以选择在化学科学、材料科学与工程、能源化学、环境科学与工程等领域继续深造。可选择深造的国内高校主要有上海交通大学、复旦大学、浙江大学、中山大学、同济大学、厦门大学、华南理工大学、东华大学等重点高校;国外深造院校则遍布美国、澳大利亚、英国、德国、日本等国家,包括康奈尔大学、墨尔本大学、英国帝国理工大学、德国亚琛工业大学、东京大学、法兰克福大学、伊利诺伊理工大学等国外知名高校。

❖❖ 与新兴产业的交叉与融合

　　染整工程方向是一个发展中的交叉性综合学科,在新技术革命的推动下,跨界融合已成为该专业的显著特征。大数据、人工智能、生物科技、医疗卫生、能源科学、先进材料、智能制造、时尚创意等领域的颠覆性创新,正快速渗透到传统染整业的各个环节，推动了染整工程方向在新材料、智能制造、能源领域等新兴产业中的融合，充分体现出科技与智能的交融。

智能纺织

智能纺织是通过高新电子信息技术、材料技术、传感技术、系统控制技术等与纺织材料的科学结合，模拟生命系统，同时具有感知、反应和调节多重功能并保留传统纺织品固有风格和技术特征的新兴产业。智能纺织完美地实现了科技与智慧的交融，在医疗卫生、军事科技、电子信息等领域展现出巨大的发展潜力。

医疗卫生

随着人们健康意识的提高和老龄化人口的增多，智能纺织品越来越多地融入体育、医疗器械和植入系统，这些产品能够精确地采集人体的心率、血氧、体脂、呼吸、体温、肌电信号等生理特征信息，并能通过信息处理模块对这些信息进行分析，监测人体是否处于健康生理水平，能够对某些疾病的预防提供参考。智能纺织品主要应用于医疗保健和运动监测领域，为人们合理锻炼和健康生活提供了科技支持。

军事科技

纺织军事工业是与军事工业配套的纺织工业,简称纺织军工,属于产业用纺织品的一部分。现代战争的复杂性和先进性对特种纺织品提出了更高的要求,服装的面料要加快功能性延伸,要保证部队的作战力和士兵的生产能力,以适应现代军事工业的需要。智能服装可以对外部环境和内部状态的变化做出响应,根据响应方式的不同,可以为士兵提供调温调湿、保护色隐形、医疗保健等全方位的帮助,对于提高国防军事力量具有极其重要的意义。

电子信息

在智能化和信息化迅速发展的今天,电子信息纺织品种类不断丰富,应用领域逐渐拓宽,在普通民用、军用、医用、航空航天等领域都具有很好的发展前景。电子智能纺织品是基于电子技术,将传感、通信、人工智能等高科技手段应用于纺织技术而开发出的纺织品,其核心要素是感知、反馈和响应。电子信息类纺织品具备了对数据的采集、分析、监控和传输的功能,可以与使用者进行交互,其种类繁多,功能强大。

智能制造

人工智能是对人类智能进行模拟、延伸及拓展的一种理论方法和技术,包括机器人、专家系统、智能检索、智能数据库、模式识别以及自动程序设计。随着纺织装备向数字化、智能化、多功能化发展,智能制造已成为制造业未来发展的核心内容和重要趋势。染整装备的数字化与智能化、染整生产流程的信息化、染整制造过程的协同化进一步融合,创建了智能化无人工厂的创新模式,实现染整业全流程信息共享、协同创新、资源优化,引领行业生产智能化、标准化、集约化、模式化、绿色化,是制造业迈向中高端、建设制造强国的重要举措。

新能源

虽然能源转化类纺织品的规模化生产以及性能稳定性尚有不足,但"能源衣"的时代必将到来,它必将成为下一代可穿戴技术和智能服装的动力源,实现可再生能源的实时存储。

在全球能源危机和环境问题日益加剧的背景下,太阳能、热能、机械能、生物电化学能等陆续被用来发电,绿色可再生能源器件成为世界的研究主题。随着可穿戴电子设备的快速发展,人们对可穿戴能源的需求逐渐增长。

由于传统电池存在缺乏柔韧性、不可拉伸、难以编织等局限性，因此柔性随身能源材料与器件的发展获得了大量关注。纤维、纱线、织物将成为新一代发电载体，它们是理想的可穿戴能源集成平台，在自供电系统和可穿戴领域具有广泛的应用前景。

➡➡ 染整业在国民经济中的重要性

✤✤ 产业发展现状与特点

染整业是我国国民经济的支柱产业、重要的民生产业、国际竞争优势明显的产业、战略新兴产业的重要组成部分、文化创意产业的重要载体。染整业与人们的生活息息相关，不仅包括传统的服装行业、家纺行业，还包括国防军工、医疗卫生、航空航天、产业用纺织品等关系到国计民生的战略领域。此外，随着科技的发展，人们对可穿戴智能纺织品的研发也越来越广泛。印染加工是纺织品生产的重要工序，既承上启下，起着连接纤维原料和各种织物的纽带作用，又与染料助剂、纺织机械、节能环保、设计艺术等领域存在着很多的交集，是提高纺织品品质和附加值的重要环节，是高附加值服装面料、家用纺织品和产业用纺织品生产的重要技术支撑，也是染整业发展和技术水平的综合体现。

轻声慢语：带你走进轻工类专业

❖❖❖与人类生活息息相关

服装行业

中国是全世界最大的服装消费国和生产国。中国的服装业有着很大的发展空间，服装业的发展大大推动了中国国民经济的发展。中国海关快报数据显示，2020年我国纺织品服装出口总额为 2 912.2 亿美元，同比增长 9.6％。其中，纺织品出口总额为 1 538.4 亿美元，同比增长 29.2％。

家纺行业

家纺行业是中国传统的基础民生工业之一，也是现代纺织品业的三大体系（家用纺织品、服装用纺织品、产业用纺织品）之一。中国家纺行业的总体规模在扩大，将保持平稳增长。根据中国纺织工业联合会发布的数据，2018年中国家纺行业销售收入达到 2 203.7 亿元，同比增长 4.2％，预计 2021 年底达到 2 587.1 亿元，同比增长 5.0％（图18）。

家纺用品消费可以分为两类：一类是刚性需求消费，家纺用品作为家庭生活必需品的一部分，日常更替是一种刚性需求。另一类为炫耀型消费，把家纺用品作为家庭"软装修"，新居乔迁、送礼和婚庆等是刺激炫耀型消费的主要因素。

图 18　2014－2021 年中国家纺行业销售收入及增长走势

国防军工

纤维新材料的多功能性和多样性得到了较大提升，可满足战略武器和装备等军工需求，为军工系统和国防建设提供重要支持和保障。我国近年来涌现了一批纺织军民两用技术相关的骨干企业、高校和科研机构，积累了大量创新性、实用性兼具的符合军民需求的军民两用科技成果。军用纺织品包括阻燃性纺织品、抗紫外线纺织品、单兵装备、被装及伪装纺织品、飞机降落伞、生化防护服等。

医疗卫生

医疗、卫生用纺织品是对医疗、卫生、保健、生物医学

轻声慢语：带你走进轻工类专业

用纺织品的总称,是集纺织、医学、生物、高分子等多学科交叉并与高科技融合的高附加值产品,主要有四大类:植入性产品,如缝合线、人造血管和人工关节等;非植入性产品,如绷带、纱布等;功能性产品,如人工肾、人工肺等人造器官;卫生保健产品,如手术服、手术罩、隔离衣、病床用品、病服、防护服等。

航空航天

高性能纤维材料及纺织品作为航空航天领域的重要材料,不仅因高强重比大大改善航天器的性能和运行效率,还在航空航天产业各个领域发挥着重要作用。在国际航空航天产业加速发展的背景下,能够满足高强重比和轻量化、耐空间的各种特殊环境、柔性和近体仿形成型制造、功能性和智能化等要求的纺织材料及纺织品,参与航空航天产业建设的广度和深度已经逐步加深。而纺织材料在航空领域中的主要应用有降落伞、飞行服、飞机结构复合材料以及其他航空设备。

产业用纺织品

产业用纺织品是指经过专门设计,具有工程结构特点的纺织品,具有技术含量高、产品附加值高、劳动生产率高、产业渗透面广等特点,广泛应用于医疗卫生、环境保护、交通运输、航空航天、新能源等诸多领域。根据中国纺织工业协会发布的数据,2020 年产业用纺织品行业总产值约为 1.6 万亿元。但受传统统计体系限制,产业用纺织品规模以上企业营业收入仅为 3198.37 亿元,有大量经济贡献未能反映在行业统计范畴,与 2020 年海关统计的产业用纺织品出口 874.42 亿美元也存在巨大差距。

可穿戴智能纺织品

可穿戴智能纺织品通过植入导电纤维、传感器,与信息和计算机技术互相结合,在应用过程中实时监视、跟踪和记录人体的生命体征,对于疾病或不正确的运动姿势进行辅助治疗与矫正,交互可控的纺织品的穿着温度可为用户带来舒适的体验感,这些都是可穿戴智能设备为用户带来的便利,也是未来智能纺织品发展的趋势。心率是生命体征表现的指标之一,可穿戴智能纺织品穿着过程中可以从身体的各个部位监测到具体的心率数据。在日常生活中使用该类纺织品,可以对人体基本的心率特征进行实时监测(图 19)。

中国经济正处于从传统的中高速发展进入高质量发展的重要转折点。世界染整业正在经历一场深刻的全球化的市场变革,全球化体现在网络、创新、格局、流动及责任等五个方面。中国染整业发展的机遇和潜力,体现在完善的产业配套和产业的支撑体系以及中国国内的巨大

轻声慢语:带你走进轻工类专业

市场上。新形势下,中国染整业的合作共赢之路要坚持开放发展、科技创新、绿色发展和时尚发展。借助中国持续的开放政策,中国将继续加大改革开放的力度,染整业作为改革开放的先进者一定会在进一步的改革开放过程中得到更多的发展机会。

图 19　可穿戴智能纺织品监测心率

➡➡行业代表人物简介

周翔

　　周翔,中国工程院院士,纺织化学与染整工程专家。长期从事纺织化学与染整工程领域的教学与科研工作。主要研究领域为纺织品功能整理、新型纺织化学品、染整加工与环境。主持完成国家级、省市级项目等 50 多项。获国家科技进步奖二等奖及省部级科技进步奖多项。获全国纺织工业巾帼建功标兵、"改革开放 40 年纺织行业突出贡献人物"和"荣誉桑麻学者"等荣誉称号,获颁"庆祝中华人民共和国成立 70 周年"纪念章。

宋心远

宋心远(1935—2018 年),著名染整专家,生前是东华大学教授、博士生导师。承担了国家级、省市级项目多项,在染整理论与技术方面多有创新。2018 年获评"改革开放 40 年纺织行业突出贡献人物"。

苏寿南

苏寿南(1939—2020 年),高级工程师,曾任上海三枪集团有限公司董事长。集中培育具有鲜明民族特征的"三枪"品牌,被经济界称为"兼并大王",2018 年获评"改革开放 40 年纺织行业突出贡献人物"。

▶▶包装工程专业

➡➡专业介绍

❖❖培养目标与要求

包装工程专业(专业代码 081702)培养学生具有良好

的科学素养,系统地、较好地掌握包装工程专业主干学科和相关学科涉及的核心基础理论知识;掌握包装防护原理和技术、包装材料与包装制品的生产及印制工艺;具备包装系统分析、设计及生产管理等方面的能力;能在商品生产与流通部门、包装及物流企业、科研机构、商检、质检、外贸等部门从事包装系统设计、生产管理、质量检测、管理和科学研究工作。

❖❖包装工程专业所学习的知识

包装工程专业的毕业生具有扎实的数学、物理、化学、微生物、环境科学等自然学科基础,以及艺术、经贸、管理、环境、法律、心理、文化等社会科学基础,掌握包装工程学科的基本理论和基本知识,能够运用数学、化学、工程基础和包装工程专业知识,解决包装材料与制品生产及其应用领域的复杂工程技术问题;能够针对包装业新产品开发、包装工程项目设计等复杂工程问题,设计满足特定需求的研发技术路线、生产工艺流程及设备配套与选型,并能够在设计环节体现创新意识,充分考虑经济效益、社会效益、人体健康、食品安全、相关法律法规、文化以及环境等因素;能够将包装科学的原理和方法用于发掘包装新资源、新材料的探索中,在包装新产品研发、生产工艺控制、包装产品分析等复杂工程问题研究中,进行文献调研,设计实验方案,开展实验,处理数据和分析实验结果,并通过信息综合得到合理有效的结论;了解包装业生产、设计、研发等方面的产业政策、技术标准、环保政策和法律法规,能够运用工程相关背景知识对新工艺、新产品开发、生产原料、生产环境、三废排放等复杂工程问题进行全面分析,合理评价包装工程实践问题及其解决方案对社会、健康、安全、法律以及文化的影响,明确应承担的责任;能够针对包装材料与制品生产技术、产品质量、技术标准、生产成本、产品市场等问题与同行及社会公众进行有效沟通和交流,包括撰写报告、设计文稿、陈述发言、清晰表达、回应指令,具备一定的国际视野,能够在跨文化背景下进行沟通和交流。

➡➡就业方向

本专业学生毕业后可在商品生产与流通部门、包装及物流企业、科研机构、商检、质检、外贸等单位从事包装系统设计、生产管理、质量检测、管理和科学研究工作。

✤✤从事行业

学生毕业后主要在包装材料与包装制品生产行业、包装材料与包装制品应用行业等岗位工作,大致如下:

包装材料与包装制品生产行业包括:纸包装材料及

制品、塑料包装材料及制品、金属包装材料及制品、玻璃陶瓷包装材料及制品、木包装材料及制品、复合包装材料及制品等行业。

包装材料与包装制品应用行业包括：包装科研机构、商检、质检、外贸等部门以及机械、电子、汽车、食品、医药、农产品及其加工、文教用品、物流快递、餐饮、日用品等行业。

❖❖❖职业发展路线

技术路线

包装业是为国民经济各个行业服务的，涉及的知识面较广，对人才的专业知识要求较高，行业的特点是技术更新快，这就要求从业人员不断补充新知识，同时对从业人员的学习能力要求也非常高。毕业生主要从事包装材料生产技术、包装制品生产技术、包装制品设计等工作。

由技术路线转为管理路线

包装工程专业毕业生从事包装业技术岗位一定年限后，积累了一定的技术与管理经验，由技术人才转型到管理人才不失为一个很好的选择；也可以转为技术管理岗位、生产管理岗位、质量监督岗位。

科学研究路线

包装工程专业毕业生可以通过考研、出国深造等方式提升包装及相关领域的技术研发和应用的研究能力，毕业后去往科研机构、商检、质检、外贸等部门从事包装新材料研发、包装材料与制品性能检测、包装材料与制品设计等工作。

✥✥**工作地点**

我国包装业近年来经历了高速发展阶段，已形成了相当大的生产规模。尽管我国包装业整体发展态势良好，但人均包装消费与全球主要国家及地区相比仍然存在较大差距，包装业各细分领域未来还将具有广阔的市场发展空间。

我国包装业已经形成了以长江三角洲、珠江三角洲、环渤海三个地区为重点区域的包装产业格局。广东、山东、浙江、江苏等重点区域的包装业主营业务收入处于全国领先地位。随着西部地区的大开发、东北老工业基地振兴以及沿海产业向中西部梯度转移步伐加快等战略的实施，内地省份的包装产业在近几年有了一定的发展，但整体产业规模和技术水平与沿海地区相比仍存在较大差距。

轻声慢语：带你走进轻工类专业

国内从事包装业的企业数量众多,包装业的集中度比较低,处于市场化程度较高的充分竞争阶段。总体而言,我国包装业的自主创新能力不够,大多数企业不具备适应市场需求的研发能力。国内包装制造企业普遍规模较小,产品结构较为单一。

　根据上述分析,我国包装业整体专业人才需求比较大,包装工程专业毕业生在各地区的就业机会都比较多。

➡➡学术深造与专业发展前景

✥✥包装工程专业学术深造

　随着人们消费水平的提高和商品的日趋多样化和复杂化,各种产品的包装技术也显得越发重要。当前包装几乎已渗透到国民经济的各个领域,如食品、医药、轻工、化工、机械、电子、军工等。我国的包装业要面对每年上万亿元内销商品和上千亿美元的出口商品的需求,任务艰巨,责任重大。产业与市场对高层次包装人才有了更多的需求,包装工程研究生教育也顺应人才需求得到迅速发展。

　为提升包装工程专业本科生教育水平,培养更高层次的包装人才,加速包装业技术进步,近年来我国包装工

100

程专业硕士研究生、博士研究生的培养规模正在逐年
扩大。

进入 21 世纪以来,国民经济的迅猛发展迫切需要加
强包装工程专业教育,培养更高层次包装业人才,尤其是
研究生培养力度应进一步增强,规模需继续扩大。包装
业对新技术、新理论、新知识大融合的渴望,使得包装工
程专业高层次人才培养面临新的机遇和挑战,包装工程
研究生培养需不断完善和发展,使其不局限于工科领域,
应逐渐扩充到其他学科,课题也提倡从技术领域扩展到
物理、化学和材料等知识领域,旨在为包装业及相关领域
培养出高水平、高素质的专业技术人才。

❖❖❖ 未来包装业发展需要更多的包装工程专业人才

地区格局将会慢慢改变

以长江三角洲、珠江三角洲、环渤海为重点区域的包
装产业格局在相当一个时期内不会改变,仍将与区域经
济同步发展。但随着西部地区的大开发和东北老工业基
地的振兴,包装业发展整体不平衡的状况将会有明显的
改变。这对"三大板块"的优秀包装企业来说是一次扩张
和发展的机遇。

向整体性、系统性方向发展

随着市场的成熟,不能提供完整解决方案的供应商由于不能系统性降低包装成本,在客户方面的议价能力将会被削弱,包装企业需要整体性、系统性的包装方法。

结构调整将会加快

由于国内外发展环境的变化和整个经济素质性、结构性矛盾叠加的影响,我国包装业将进入一个关键发展时期,即从黄金发展期到问题多发期。长期存在的产能过剩、过度依赖能源资源消耗、自主创新能力弱、企业竞争能力不强、产业规模与经济效益不相称等结构性和素质性等缺陷将会越发明显,区域性的产业结构调整将不可避免。

"绿色、低碳、环保"将是未来包装业发展的主轴

2020年1月,国家发展改革委、生态环境部发布《关于进一步加强塑料污染治理的意见》,随着新版禁塑令在全国各地的逐步落地实施,在食品、餐饮、电商、快递、外卖等行业率先限制不可降解塑料包装的使用,并且督促地方,特别是城市加大落实的力度。对包装业来说,贯彻绿色理念,实现"传统生产向绿色生产转变"的具体目标,"绿色、低碳、环保"将是未来包装业发展的主轴。

未来包装业发展对包装工程专业人才的数量要求更多，层次要求更高，这也为包装工程专业人才培养提供了新的机遇和挑战。

➡➡ 包装业在国民经济中的重要性

✤✤ 产业发展现状与特点

我国包装业已经形成了一个以纸质包装、塑料包装、金属包装、玻璃包装、包装印刷和包装机械为主要产品的独立、完整、门类齐全的工业体系。我国市场上应用广泛的是纸质包装和塑料包装，其次是金属包装和玻璃包装。中国包装业的快速发展不仅基本满足了国内消费和商品出口的需求，也为保护商品、方便物流、促进销售、服务消费发挥了重要作用。

我国包装业具有规模较大、集中度较低、国内销售为主的特点。根据中国包装联合会发布的数据，2019 年我国包装业规模以上企业 7 916 家，较 2018 年增加 86 家；累计完成营业收入 10 032.53 亿元，同比增长 1.06%；累计实现利润总额 526.76 亿元，同比增长 4.28%。图 20 所示为 2016—2019 年中国包装业规模以上企业数量统计。

轻声慢语：带你走进轻工类专业

从包装业经营情况来看，其中纸和纸板容器的制造占比为 28.88%；塑料薄膜制造占比为 26.96%；塑料包装箱及容器制造占比为 15.87%；金属包装容器及材料制造占比为 11.64%；塑料加工专用设备制造占比为 6.49%；玻璃包装容器制造占比为 6.08%；软木制品及其他木制品制造占比为 4.08%。

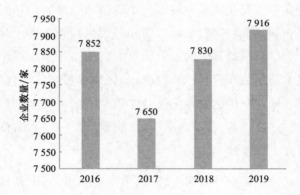

图 20　2016—2019 年中国包装业规模以上企业数量统计

从需求来看，根据中国包装联合会发布的数据，2015—2019 年我国包装业销售保持着增长趋势，如图 21 所示。

104

图 21　2015—2019 年我国包装业规模以上企业实现的
销售收入及同比增长情况

❖❖ 与人类生活息息相关

随着科学技术的发展和人民生活水平的不断提高，人们对于包装，特别是与人类健康密切相关的食品包装，有了更高科学水准的要求。我国一些食品安全监管机构的调查数据显示，食品包装在安全方面还存在不少问题，一些指标不符合食品安全、环境保护等方面的要求，不仅影响消费者的切身利益，更影响整个国家食品业的健康发展。

随着现代包装科学和技术的发展，各种新型的绿色包装材料不断涌现。它们既能保证食品安全，又符合环保要求。

可降解包装材料

我国研究较多的是以淀粉等天然高分子材料为主要原料制成的生物降解材料，还有光降解材料和其他降解材料。其价位虽然相对较高，但从健康和环保方面考虑，仍是未来包装材料的发展趋势。

纸质包装材料

以天然植物纤维为主要成分的纸质包装材料，其包装废弃物易被微生物降解，不会污染环境，减少了处理废弃物的成本，且原料丰富易得，是一次性塑料包装材料的优选替代品。

可食性包装材料

可食性包装是由可以食用的原料加工制成的。市场上出现的标有牛肉味、鸡肉味、苹果味等各种口味的"食品纸"包装，很受消费者的喜爱，特别是可食性纸型包装在冷饮包装中的应用，起到了保冷、卫生的作用。

新型环保包装材料

草莓、胡萝卜等果蔬制成的新型环保包装材料将取代传统的塑料薄膜成为食品包装的材料，这种新材料可以阻止氧气的渗入，达到食品保鲜的效果。

其他天然包装材料

我国竹子、甘蔗资源丰富，使用这些原料生产餐具或食品包装容器不仅原材料来源丰富，而且其生产和使用过程无污染，在这方面开拓市场具有广阔的空间。

可以预见，未来的包装材料越来越趋向于功能化、环保化、简便化。无菌包装采用高科技分子材料，保鲜功能将成为食品包装技术开发的重点；无毒包装材料更趋安全。采用纸、铝箔、塑料薄膜等包装材料制造的复合柔性包装袋，呈现了高档化和多功能化。社会生活节奏的加快将使快餐包装业得到巨大的发展。包装业是 21 世纪的朝阳产业，绿色环保型的包装材料领域一定能抓住这个商机发展壮大起来。

➡➡行业代表人物简介

王志伟

王志伟，教授，博士生导师。先后在江南大学和暨南大学主持建立了包装工程学士、硕士和博士的完整的人才培养体系，并为我国培养了第一批包装工程专业博士研究生。

方能斌

方能斌，正高级经济师，杭州市工商联副主席，中国包装联合会副会长,荣获中国当代优秀包装企业家、中国杰出包装企业家、"中国长三角十大杰出青商"等称号,及第三届亚洲品牌创新人物奖。

▶▶印刷工程专业

➡➡专业介绍

✛✛培养目标与要求

印刷工程专业(专业代码为 081703)培养具有数学、物理、化工、材料等方面的基础理论,能够掌握图形、图像等可视化信息的获取、处理、传输、工业化再现、传播和工程应用方法的相关理论与技术,具有从事印刷和有关领域的工艺流程设计、生产管理、质量控制、研究开发等基本能力的高素质专门人才。毕业生能够在新闻出版、印刷、纺织、互联网、电子制造等相关行业的企事业单位、研究机构及院校等从事工程技术、质量控制、产品开发、产品质量检验、经济贸易、企业管理及教学科研等工作。

现代印刷不仅是以传播为目的的图像、文字可视化/图形化工程技术,也发展成一种先进的制造方法。对应的专业方向,我们称为印刷传媒和印刷制造。现代印刷工程是多学科交叉的复杂技术工程，需要由多种技术、设备和器材的综合应用以及配套工艺过程和条件的设置、监控和管理的协同作用才能实现。这就赋予了印刷工程多学科交叉、各种技术和器材综合应用（以下简称"交叉应用"）的特质。因此，印刷工程作为印刷领域唯一的本科层次专业，是一个典型的交叉应用型专业。作为交叉应用型专业，印刷工程以可视化、图形化涉猎的科学和技术为学科内核，由图像传播工程、信息与通信工程、光学工程、材料科学与工程、电子信息机械工程、控制科学与工程等关联的学科或学科方向作为支撑（图22）。这种独特的学科支撑架构为印刷工程专业铺垫了坚实的基础并提供了广博的拓展空间。新时代新科技的发展变化，要求学生掌握更广、更深的基础理论知识和工程应用技术。

图 22　印刷工程的支撑学科

轻声慢语：带你走进轻工类专业

❖❖❖印刷工程专业所学习的知识

印刷传媒的可视化原理和方法不仅涉及纸质媒体（书籍、包装产品等），还涉及显示媒体（液晶显示器、有机发光器件等）。媒体可视化需要利用加网技术，通过改变网点的墨层厚度或面积来调制图像的浓淡层次，以及利用颜色科学来实现图像色彩的工业化再现。纸质媒体与显示媒体相比，其可视化再现技术实现起来更为复杂，后者只需要通过调幅加网技术，即通过改变网点调制层次实现可视化再现。因此，印刷工程专业的学生首先应学习传统纸质媒体的科学知识，随着传播技术的飞速发展，还应学习以"数字内容＋互联网＋显示媒体"为基础的新媒体传媒的学科知识，这样更容易拓展并满足传统媒体与新媒体融合发展的需要。

印刷制造的拓展领域更为广阔，涉及以表面装饰、印染等为目的的装饰印刷，以赋予更高的耐磨/耐候强度、显示、选择性滤色、信息存储、透光调制、偏光等功能印刷，以实现光电转换、信息通信交换、电子电路等为目的的印刷电子，以超大规模半导体集成电路、微机电系统的制造为目的的蚀刻技术，以三维体态结构，甚至某种机械或执行机构部件构建为目的的 3D 打印等不同的专业领域。

作为印刷工程这一典型的工科专业的学生，需要具备以下知识和能力：基础理论知识；专业理论知识；良好的人际沟通和交往能力；良好的外语基础及应用能力。

基础理论知识主要包括自然科学基础知识和工程科学基础知识。自然科学基础知识包括数学、物理、高分子化学、材料分析测试与试验技术等基础知识；工程科学基础知识包括颜色科学、计算机技术、网络技术、材料科学、电子学等相关学科的基础知识。

专业理论知识包括光学系统与器件、视觉原理、色彩科学与技术、激光技术、色彩管理技术、光电检测技术、图像信息的采集和数字化技术、图像处理技术、文字处理技术、图文信息的视觉再现方法和技术、图文信息的存储技术、图文信息的记录和显示技术、计算机图形学、显示器原理与技术、数字存储器技术、硬拷贝与数字印刷技术、按需印刷生产与服务系统、图像和文字信息的格式与传输技术、印刷原理与工艺、计算机整合生产与数字工作流程、印刷标准与质量控制、印后加工工艺与技术、印刷品质量的评价、印刷信号条与质量控制、特种印刷技术等相关知识。

印刷工程专业学习以下核心课程：印刷概论，包括印刷工程相关的基本概念、发展历史、研究范畴和未来的发展等基础知识；视觉与色彩学，包括视觉原理、色度学、光度测量和颜色测量，以及色彩空间转换和色彩管理等基本知识；图文信息处理与再现，包括人眼的视觉特性，阶调和色彩视觉再现的基本原理，图像和文字处理、压缩以及传输的基本理论、方法和手段以及相关技术和系统等方面的知识；网络与通信技术，包括通信系统结构和原理、数据格式和协议以及相关理论和技术；印刷原理与工艺，包括不同印刷方法的基本原理、图文信息的呈现方法和特点以及生产工艺的基本构成、关键环节和特点；信息记录与显示技术，包括信息记录以及显示的基本原理、理论、材料体系；印刷材料与适性，包括有机、无机及金属和复合材料的承印物，颜料、染料以及其他呈色剂的材料构成、基本物性和印刷适性的特点及分析测试和评价方法；印后加工工艺与技术，包括所有印后加工、整饰涉及的设备、工艺和器材；印刷设备与控制原理，主要包括印刷设备的基本结构、机构原理、系统驱动、监测和控制方法及手段。

➡➡就业方向

✛✛从事行业

印刷工程专业的学生毕业后可在新闻出版、印刷、化妆品、纺织、包装、电子制造、材料及相关的企业、事业单位、研究机构及院校,从事新工艺开发、工程技术、技术研发、质量控制、产品开发、产品检验、经济贸易、企业管理、技术服务及教学科研等工作。

❖❖❖ 职业发展路线

专业技术路线

印刷工程专业培养的学生毕业后如从事专业技术型工作,可在各大印刷、包装企业的技术研发部门担任技术工程师、产品研发工程师和工艺设计工程师等。随着传统行业绿色化、数字化、网络化和智能化的不断升级改造和推广应用,企业急需具有专业知识的人才帮助企业发展。印刷工程专业学生毕业后选择机会多,就业率高,发展潜力大,上升机会多。

印刷工程专业毕业生的专业实践能力非常重要。由于技术发展快,设备要求高,专业技术型人才的实践能力在学校的培养并不够。刚参加工作时,毕业生应去企业基层参加实际生产以得到锻炼。

技术管理路线

由于印刷工艺复杂度高、技术更新快,经过基层锻炼的技术人员往往会转型从事生产管理、质量监控及产品

轻声慢语：带你走进轻工类专业

研发等工作。从事技术管理的毕业生，不仅要坚持在企业继续学习印刷实践新技术，还需要学会运用在学校学习的印刷企业管理知识。

科学研究路线

科学研究是印刷工程专业毕业生发展的重要方向。越来越多的企业把科技创新作为企业发展的生命，设置了各类研究院，十分重视本领域和相关领域的科学研究以及成果转化。科学研究型工作主要包括：印刷材料性能的测试、工艺流程研究、印刷适应性研究、信息系统建设、智能化改造和易挥发的有机物质排放等。

供应链服务路线

印刷技术是没有国界的，设备、材料的供应国际化程度高，市场竞争激烈。无论是印刷产品还是印刷产业链的上游供应机构，都需要既具备印刷工程专业基础知识和实践能力，又懂技术、懂贸易、懂交流、会经营的高水平国际化人才。

印刷工程专业的学生既可根据个人专长和爱好，在行业内从事技术管理、经营管理、市场营销、技术服务等不同类型工作，也可在行业相关的机械设备、纸张油墨、信息系统开发、算法研究等行业领域就业，还可根据终身

114

学习的发展理念,继续在国内外不同大学或研究机构学习,取得更高的学位,在更宽的行业领域从事技术研发、管理、服务等类型工作,具有较为灵活的选择性。

❖❖ **工作地点**

目前,印刷工程专业毕业生在广东、上海、深圳、北京等地区就业比较集中。北京是我国文化中心和出版中心,具备非常多的出版资源;珠江三角洲和长江三角洲是我国经济的发达地区,印刷业在此具有相关产业基地或产业集群,对印刷工程专业毕业生的需求量大。

➡➡ **学术深造与专业发展前景**

在硕士及博士研究生阶段,印刷工程专业的学生主要研究印刷及其上、下游相关产业所涉及的科学问题,如图像识别、颜色再现、智能工厂等关键技术问题。随着研究的不断深入,甚至还可以扩展到计算机、材料、电子信息等其他交叉领域。

国内印刷工程专业高层次人才培养体系

经过多年的发展,印刷工程专业具有从本科、硕士到博士以及博士后层次的完整培养体系。国内开设印刷工程专业的高校有武汉大学、北京印刷学院、西安理工大学、陕西科技大学、齐鲁工业大学、上海理工大学等,一般设立了包装工程专业的学校也都开设了有关印刷工程专业的课程。还有相关的研究机构，如中国印刷科学技术研究院、北京大学计算机科学技术研究所等。上述高校和研究机构已经成为我国印刷专门人才培养的主要基地。

国外印刷工程专业相关的研究机构

国外也有很多高校或研究所设有与印刷工程相关专业或研究方向，部分高校和研究所也招收本科生、硕士和博士研究生，进行新媒体技术颜色再现、智能制造、新材料等方面的科学研究。

国内外印刷工程专业的高等教育发展可概括为以下三个阶段：20 世纪 70 年代以前，印刷技术与照相技术的融合和交叉，主要服务于传统印刷产业。20 世纪 80 年代，印刷与信息、图像科学融合，主要服务于出版印刷和包装印刷产业。从 20 世纪末期开始，印刷及相关教育深度交融，应用学科的属性更加明显，主要表现为与图像、信息、传播、媒体（包括跨媒体技术）、计算机（包括网络）、通信、数字制造等学科的融合，体现了数字化时代印刷业技术和其他行业深度融合发展的特点。

➡➡印刷业在国民经济中的重要性

✤✤产业发展现状与特点

改革开放以来,中国的印刷业和技术已经得到了长足发展,支撑和保障了国家传媒、新闻出版、包装印刷及相关产业发展的需要,在细分的各个印刷制造领域发挥了不可或缺的重要作用。据新闻出版署发布的数据,2019年我国传媒印刷产业的总营业收入和总从业人数分别到达1.38万亿元和272.77万人,在当年全国GDP的占比和人均产值分别为1.40%和50.60万元,是国民经济的重要组成部分。

我国的印刷业技术经历了从模拟技术时代向数字技术时代的蜕变,现在已基本实现了生产和管理的数字化以及计算机集成控制和管理。随着网络、大数据、云计算和人工智能等新技术的发展及其在印刷领域的应用,能自动地响应和满足印刷生产、监控、管理和服务的智能印刷将成为印刷业技术变革和发展的新目标。

绿色环保、集约化生产、节能低耗和无害排放等先进生产和管理技术的全面采纳和协同作用,已经成为当今印刷技术研发的热点。无疑,随着智能化和绿色环保技术水平的不断提高,我国印刷业将进入一个可持续发展的技术时代,将为国民经济和社会的发展做出更大的贡献。

面向未来,印刷业在为我国传媒、新闻出版、包装印刷及相关产业提供支撑和保障的同时,要助力我国从印刷大国成为印刷强国。人均产值是印刷强国的一个重要的显性评价指标,是生产效率和管理水平的综合反映。因此,应通过技术引进、改造和创新,大力提高生产效率和管理水平。

❖❖❖**产业发展趋势**

传媒方式多样化

除了印刷技术的进步之外,科技的发展也使传递信息的媒介更加多样。各类新媒体不断出现,例如网络、微信、抖音、快手等。诸多新媒体的出现给现有媒体的传播方式带来了机遇和挑战,使现有的传媒方式呈现多样化。新媒体环境下,传媒方式从单向传输向多向互动发展过渡,从以印刷纸媒传递信息的方法向多媒体传媒转变。多媒体传媒包括印刷传媒、基于互联网和显示器(特别是包括 LCD、OLED、电子纸以及其他显示原理的显示器)的互动传媒、3D 全息投影等多种传媒形态,使相同数字内容可以选择最合适的传媒形态输出和呈现。

传统媒体和新兴媒体深度融合

2014年8月18日,中央全面深化改革领导小组第四次会议审议通过了《关于推动传统媒体和新兴媒体融合发展的指导意见》。中央全面深化改革领导小组强调,推动传统媒体和新兴媒体融合发展,要遵循新闻传播规律和新兴媒体发展规律,强化互联网思维,坚持传统媒体和新兴媒体优势互补、一体发展,坚持以先进技术为支撑、以内容建设为根本,推动传统媒体和新兴媒体在内容、渠道、平台、经营、管理等方面的深度融合,着力打造一批形态多样、手段先进、具有竞争力的新型主流媒体,建成几家拥有强大实力和传播力、公信力、影响力的新型媒体集团,形成立体多样、融合发展的现代传播体系。要一手抓融合,一手抓管理,确保融合发展沿着正确方向推进。

作为信息传播的重要手段,传统的图文信息复制与再现技术已经逐渐演变为新的基于数字环境的视觉信息传播技术。当前基于网络及各种终端环境的全数字化信息传播链路已经形成。从数据采集、处理、输出、管理到色彩再现与发布等,无不体现了信息传播的技术手段正朝着数字化、网络化、云计算、多终端、全链路等趋势发展,传统媒体的传播急需和新兴媒体深度融合发展。

印刷制造方兴未艾

将传统的印刷方法用于工业制造，在电子、显示、新能源（电池）及新材料和生物医疗等领域实现与传统印刷的生产制造跨界融合，催生了 3D 打印、印刷电子、印刷显示、印刷电池及生物印刷和微结构功能材料等可改变未来的新兴技术与材料。

印刷技术与先进制造行业领域，特别是需要实现数字化制造的工业领域几乎都能产生融合，且能对这些领域的技术变革起到巨大的推动作用。例如：3D 打印带来了影响很多行业领域的数字化增材制造新业态；印刷电子将带来一场电子工业制造的革命；印刷显示代表着未来的新型显示技术；印刷电池已成为新能源革命的关键技术之一；生物印刷为生物医学的发展开辟了全新的途径。这些领域的数字化制造结合印刷技术实现的构建表面微结构、赋予材料新功能等带来了令人惊叹的创新。

印刷是如何与这些新型领域实现跨界融合的呢？例如：印刷技术用于制造电子元器件和电路，是与电子领域的融合。目前电子元器件与电路的制造方法是依赖光刻与腐蚀工艺，本质上是一种减材制造技术。印刷则是一种增材制造技术，即将功能材料添加到基材表面。在传统印刷中,实现图形图像可视化所用的材料是油墨等典型的人类能看见的物质,而电子印刷则是将功能电子油墨印刷到各种基材上。基材可以是硅晶体、玻璃、陶瓷等硬性材料,也可以是柔性的塑料、纸张和布料等。

印刷技术在制造领域展现的离散化、二值化、图案化等科学属性以及灵活、便捷、高效、可操控等技术特性,是任何其他技术都难以替代的。可以认为"泛在印刷"时代已经到来,印刷将渗透于国民经济的各个行业和人们日常生活的方方面面,具有巨大的产业应用价值和前途光明的未来。这个未来,需要掌握印刷技术、数字制造技术以及跨界领域的高端技术人才协手去创造。

❖❖❖ 与人类生活息息相关

印刷业发展和人类文明发展密切相关

印刷技术是图文信息的复制技术。印刷品是文字、图像的载体,信息传递的工具,文化传播的媒介,艺术作品的再现,美化包装的方式,商品宣传的手段,是人们日常生活的精神食粮与物质基础,已成为人类生活不可缺少的一部分。印刷技术主要应用于出版领域、包装领域和电子制造领域。

印刷业与电子产业相结合

印刷电子是利用印刷技术在各种基材上制造电子元器件及系统的科学与技术。与传统硅基电子技术相比，具有柔性好、大面积无缝衔接、工艺简单、成本低等优点。印刷电子产业涉及面很广，包括能印制形成电路或者电子元器件的有机、无机或者其他功能性可印刷材料，生产晶体管、显示器、传感器、光电管、电池、照明器件、导体和半导体、手机触摸屏等器件，以及互连电路的工艺与产品等。印刷电子产业发展空间巨大，其市场规模具有很大的发展空间，将给信息技术产业乃至整个经济、社会带来深刻的影响。

印刷业和颜色科学与技术密切相关

颜色科学对于轻工领域具有非常重要的意义。颜色科学和技术与印刷复制再现、纺织品颜色再现、塑料材料颜色处理、汽车表面喷涂、显示器显示颜色再现等都有直接的关联。

彩色印刷是以颜色理论为依据，采用工业生产方式，对原稿（物理原稿和数字原稿）上的信息进行加工和复制的系统工程。从光学和色彩学的角度来分析，光的可叠加性和可分解性是光的基本性质之一，在光的刺激下的这种特性决定了颜色感觉的可叠加性和可分解性。因此，任何一种彩色复制过程，不论是彩色印刷，还是彩色图片显示，都是由颜色刺激的"分解"和"合成"两个阶段组成的，只不过不同的复制方法使用的"分解"和"合成"的具体手段和设备不同而已。

所谓颜色分解，就是将待复制原稿的颜色分解为三原色值，用不同的三原色值表示各种待复制的颜色，相当于模拟眼睛视网膜的感光过程，对应着颜色信息的输入过程；颜色合成就是将三原色的信息处理后，以一定的方式叠加在一起，形成各种待复制的颜色刺激，在人的视觉系统中还原颜色，对应着颜色信息的输出过程。对于彩色印刷来说，颜色分解对应着印前制版的过程，将原稿上的颜色信息分解为三原色值，再将三原色的信息转换为印刷油墨的墨量信息记录在印版上；颜色合成对应着印刷的过程，即将印版上的原色油墨信息以油墨的形式转移到承印物（如纸张）上，在可见光下形成颜色刺激，实现颜色的混合，还原出原稿丰富的色彩。

从生产的角度来说，印刷过程可以分为印前处理、印刷中加工和印刷后加工三个阶段。这其中受数字化新技术浪潮影响最大的当属印前处理阶段，即从处理图文原稿信息到制成印版，这道工序也是颜色复制的关键工序。

随着电子技术和计算机应用技术的迅猛发展，印前处理经历了照相制版（照相分色）、电子分色制版和彩色桌面制版系统阶段，基本实现了全过程的数字化。在这些技术中，颜色科学起着至关重要的作用，新技术又促进了颜色科学的发展。

尽管新技术的发展使颜色复制的设备和方法有了很大的改进，但其基本原理颜色的分解与合成原理没有发生变化，只不过记录信息和转换信息的方法有所不同。

➡➡行业代表人物简介

王选

王选，教授，两院院士，享誉海内外的著名科学家、中国计算机汉字激光照排系统创始人。当代中国印刷业革命的先行者，被称为"汉字激光照排系统之父"，被誉为"有市场眼光的科学家"。

陈堃球

陈堃球，教授、博士生导师，"全国三八红旗手"，两次获国家科学技术进步一等奖。他承担了国产计算机汉字激光照排系统大型软件的全部设计工作并负责实现，引发了我国印刷业"告别铅与火、迎来光与电"的一场深刻的技术革命,为我国印刷出版事业的进步,尤其在以计算机技术改造传统产业方面做出了重大贡献。

万捷

万捷,全国五一劳动奖章获得者,开创了"印刷＋IT技术＋文化艺术"的全新商业模式,带领雅昌文化集团斩获世界印刷大奖多项,其中包括被誉为"印刷界奥斯卡"的班尼奖,彰显了工匠精神。

王淮珠

王淮珠,教授,中国印刷业创新大会2018年度人物。在多年的装订生产实践中,她经历了印后装订从全手工操作到机械化、自动化、数字化、信息化和环保化的过程,为新工艺、新材料的改革和使用做出了较大贡献。

▶▶香料香精技术与工程专业

➡➡专业介绍

❖❖专业简介

特设专业是国家结合不同高校的办学特色,为适应近年来国家人才培养的特殊需求、行业特殊技术需求而设置的专业。香料香精技术与工程专业(专业代码为081704T)作为特设专业,具有以下主要特点:研究对象更加细化和专门化，实用性、实践性更强。香料香精属于精细化学品范畴，具有特定的应用功能，为技术密集型、商品性强、附加值较高的产品类。香料香精作为一类重要的添加剂，广泛应用于食品、化妆品、洗涤剂、烟草、医药、纺织、皮革、造纸等行业，与国民经济和人民生活品质及健康紧密相关，在国民经济中占有重要地位。我国应用香料的历史非常悠久，是香料种植、香料香精生产和消费大国。香料香精技术与工程专业与轻工、化学、食品科学与工程、化学工程与技术等学科关系密切，与生物工程学科、材料科学与工程学科也有着比较紧密的联系，这与香料香精业科技含量高、与其他行业关联度高有关。香料香精业是我国重要的基础性、应用性产业，是国民经济中食品、日化、医药、饲料等行业的重要原料配套产业，与提高城乡居民生活水平、发展食品饮料行业、促进内需和消费密切相关。近十年来，我国成为世界经济增长最快的经济体之一，并在较长时期内仍保持较高的增长速度。随着国民经济的快速、持续增长以及"健康中国，幸福中国"战略的实施，居民消费能力将进一步提升，为香料香精下游的食品饮料、日化等行业的发展提供了良机，而下游行业的快速发展又会给中国香料香精业带来日益扩大的市场空间。

❖❖培养目标与要求

香料香精技术与工程专业培养的学生应具备化学、生物学、工程学等基础理论知识，系统掌握香料香精领域的基础理论和香料制备、香精调配、加香应用、产品品质检测与评价等专业技能，能在香料香精业及食品、日用化学品、烟草、纺织、医药等产品的相关领域从事科学研究、产品开发和设计、质量控制、生产管理、工程设计、市场营销、教育教学等方面的工作。

香料香精技术与工程专业培养的学生要适应 21 世纪社会发展需求，德智体美劳全面发展，成为有创新实践能力的高素质应用型技术人才。

香料香精技术与工程专业注重学生综合素质的培养，努力使学生具有分析问题和解决问题的能力，具有团队合作意识和创新意识，具有敬业精神和职业道德，同时注重培养学生的人文社会科学素养，使学生成为香料香精业及相关领域的应用型高级工程技术人才和行业领军人才。

❖❖香料香精技术与工程专业需学习的知识

香料香精技术与工程专业学生通过通识教育课程、学科基础课程、专业教育课程的学习及实验、实习、毕业

轻声慢语：带你走进轻工类专业

设计等实践环节的综合训练，从素质、知识和能力等方面
得到全面培养。具体要求如下：进一步学习人文社会科
学、自然科学、体育等基本理论和知识，具有人文社会科
学素养和敬业、团队协作及创新精神，能够在香料香精领
域的工程实践中遵守工程职业道德和规范；学习香料香
精领域的基础理论及工艺原理等专门知识，学习技术开
发、产品制备、品质分析与控制、产品应用及管理与经营
所需要的基本理论、基本知识，包括香料学、香料化学与
工艺学、调香学、香精工艺学、天然香料及其加工、香料香
精检测技术、香料香精产品设计等；能够跟随科技发展前
沿，具备新产品、新技术、新工艺、新方法、新设备的开发
及应用能力，并能够在设计环节中体现创新意识，考虑社
会、健康、安全、法律、文化、环境等因素；学习香料香精业
及相关领域所需的工程基础和专业知识，能够基于香料
香精业的相关背景知识，解决相关工程问题；学习香料香
精业发展的法规、法律和政策，了解国内外香料香精业的
发展趋势和动态，掌握市场营销、企业经营管理的基本原
理和方法；具有良好的观察分析、写作和表达能力，能够
与业界同行及社会公众进行有效沟通和交流；学习计算
机的基本知识，具有一定的应用计算机进行香料香精领
域相关工作的能力。

➡➡就业方向

✥✥从事行业

香料香精技术与工程专业的学生毕业后，可以从事本专业及相近专业的多元化技术工作，也可以从事技术管理、生产管理、市场营销等方面的工作，还可以在政府、协会和第三方检测等机构任职，在大专院校和科研院所从事教学或科学研究工作。

✥✥职业发展路线

技术路线

香料香精业市场广、用量大、增长快，属于"朝阳工业"，这方面人才的需求也日益增大。这个行业的特点是技术更新快，尤其是新产品、新工艺、新技术和新设备的特定需求，对人才提出了更高的要求，这就要求从业人员专业基础扎实，知识面广，专业能力强，同时具有较强的实践能力、创新精神和终身学习能力。香料香精业的技术工作涉及面广，例如日化香原料制备、食用香原料制备、日化香精制备与分析、食用香精制备与分析、产品品质控制，以及香精在食品业、化妆品业、洗涤剂业、烟草业、皮革业、纺织业、造纸业、医药业等行业中的应用。我国香料香精业人才市场有很大缺口，需要更多的研发工程师、应用工程师、调香师、评香师等掌握香料香精技术与工程专业知识的高素质技术人才。

例如，调香师是为人们生活增香赋美的职业。从对调香师的需求来看，随着人们生活水平的日益提高，香料香精的需求量快速增加，对调香师的需求也逐年增多。打造一支技术娴熟、手艺高超的调香技术人才队伍，对提高我国相关产品的核心竞争力，满足人民群众日益增长的美好生活需要很有意义。

管理路线

香料香精技术与工程专业的学生有香料香精方面的知识积累，熟悉香料香精业的法律、法规、政策，了解国内外香料香精业发展的趋势和动态，掌握市场营销、企业经营管理的基本原理和方法，具有产品研发、市场开拓的基本能力，掌握工程管理知识并能在多学科环境中应用，为由技术类人才转型到管理类人才奠定良好的基础。

市场营销路线

香料是调配香精的原料，香精广泛应用于食品、饮料、卷烟、酒类、洗涤用品、化妆品、装潢、医药、香薰、饲料、纺织及皮革等工业，在国民生产、生活中发挥了极为关键的作用,并逐步成为与人民生活水平密切相关的重要行业。人类对食品、饮料、化妆品等快消品的品质要求越来越高,进而推动了全球香料香精业的快速发展。我国时具有香料香精技术与工程专业背景的高素质市场营销人员的需求日益增长,这为毕业生提供了广阔的职业选择空间。

❖❖ 工作地点

我国香料香精业已形成了国有企业股份制、集体、民营、外商独资或中外合资等多元化投资格局。国内香料香精业主要集中在华东地区和华南地区,其中广东、浙江、江苏、四川、上海、山东等地区的发展速度较快,企业数量居行业前列。香料香精业的生产和发展是同食品业、饮料业、日化业等配套行业的发展相适应的,这些配套行业的企业众多,遍布国内多个大中城市,因此,香料香精技术与工程专业的学生毕业后,在香料香精业和相关行业的就业机会比较多。

➡➡ 学术深造与专业发展前景

本科毕业生可选择在国内继续攻读香料香精技术与工程专业的硕士学位,国内设有化学类、化工类、食品类、烟草类、生物类等相关学科的很多院校都招收香料香精技术与工程专业的硕士研究生、博士研究生。香料香精技术与工程专业学科交叉明显，学科基础比较广泛，因此，学生本科毕业后可以根据个人职业发展需要进行具体的考研选择。

国际上，法国国际香料香精化妆品高等学院、美国克莱姆森大学、美国罗格斯大学、美国路易斯安那州立大学等高校在香料香精技术与工程专业人才培养和研究方面实力雄厚，也是学生拓宽视野、出国深造的不错选择。

➡➡香料香精业在国民经济中的重要性

香气的研究可以追溯到古代。直到一个半世纪以前，香气仍然局限于直接从自然界的天然香物质中获得，香料工业是在人们研究香精和香精贸易的过程中诞生的。世界香料香精中心位于欧洲，后续美国合成香料技术的发展推动了市场快速增长。我国的合成香料工业经过数十年发展，已在世界香料香精市场中占有重要地位。尤其是 2004 年后，中国经济快速发展，香料香精产品的需求快速增长，产品质量进一步提升，产品种类日渐丰富，产量逐渐扩大。未来通过大量研发投入，激发增长内生动力，我国的香料香精业有望迎来新一轮增长。

香料香精业的产业链由上游的香原料业、中游的香精业、下游的消费品制造业组成。香精在加香产品中起着画龙点睛的作用，被称为加香产品的"灵魂"。在食品、饮料、日化、烟草、制药、纺织、饲料、皮革等众多行业中，香精都有着广泛的应用，香水的生产更是直接依赖于香精。香料香精业的发展水平体现了一个国家或地区的经济实力和技术水平，与国民经济和人民生活品质及健康紧密相关。香料香精产品具有差异化竞争特征，新品种的香料香精能够满足市场多样化消费需求。随着香料香精业生产技术的进步和产品技术含量的上升，以及食品、日化、医药等下游行业的发展，预计未来香料香精业的规模将继续扩大，发展前景广阔。

❖❖香料香精业与食品、饮料行业发展关系密切

随着社会的进步和人们生活水平的不断提高，消费者对食品的要求越来越高，只有色、香、味、型、养俱佳的食品，才是最受消费者欢迎的。所以，绝大部分工业化生产的食品中都需要添加合适的食用香料香精，以保证产品的美味佳香。如今，工业发达国家的大多数大众食品和精美食品是采用工业化方式生产的，香和味是两个重要的评价指标，添加合适的食用香料香精，它们的品质才能得以提升。正是因为食品、饮料等产品有增加香味的要求，才促进了香料香精业的发展。食用香料香精的构

成如图 23 所示。

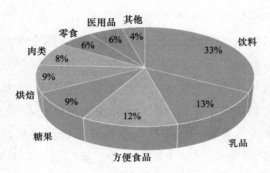

图 23　食用香料香精的构成

随着中国城市化进程的突飞猛进，人们的饮食结构需求发生了巨大变化。现代快节奏的时尚生活，带动了预包装食品需求的迅速增长，从而推动了食用香料香精业的快速发展。现今调香师有 1 500～2 000 种原料可选择，以创制出不同香型的液体、粉末状食品用香精。例如，甜味香精可用于饮料、乳品、糖果、烘焙等，咸味香精可用于酱料、调味品、腌泡食品等。现代人的饮食生活已经无法离开食用香精的使用，食品、饮料等产品的市场需求不断扩大，必将进一步催生食用香精的增量需求，为国内香料香精业提供广阔的市场空间。

❖❖❖香料香精业在日化行业发展中的作用

洗涤剂的主要成分是表面活性剂，虽然一般的洗涤剂加香量只有 0.1％～0.5％，但洗涤剂的用量极大，全世界一年用于洗涤剂加香的香精高达数万吨,成为日用香精中用量最大的一类。

香精在日化行业的应用主要是对香水、化妆品、洗涤剂、盥洗用品以及工业制品加香矫味,让消费者在使用这些产品的过程中能嗅到合宜的香气,增加使用时的愉悦感。虽然在各类产品中香精的使用量很小,但其作用却举足轻重。例如,香水中香精的水平直接决定了香水的品质。随着消费者对美好生活的不断追求,日化行业的增长潜力巨大,这为日用香精的发展提供了良好的机遇。

纵观世界香料香精业的发展历程,是核心技术的突破带动了香料香精产品不断更新换代。从香料香精业的整体实力和水平来看,目前我国与发达国家相比还存在差距,主要体现在高水平科技人才缺乏。但是国内一部分企业整体实力较强,在技术研发与创新方面达到了国际先进水平,另一部分企业在技术创新、产品精细化及功能化开发水平上仍有较大进步空间。因此,香料香精技术与工程专业高层次人才的培养将为我国香料香精业的未来发展提供保障和活力。

➡➡行业代表人物

孙宝国

孙宝国,中国工程院院士,教授,博士生导师。他构建了肉香味含硫化合物分子特征结构单元模型,开发了一系列肉味食品香精制造技术,凝练出"味料同源"的中国特色肉味食品香精制造理念,开发以畜禽肉、骨、脂肪为主要原料的肉味食品香精制造技术,奠定了我国肉味食品香精制造的技术基础。

肖作兵

肖作兵,教授,博士生导师,国家重点研发计划"纳米科技"重点专项首席科学家,国家百千万人才、全国优秀教师、国务院政府特殊津贴专家、上海市领军人才、上海市五一劳动奖章获得者、上海市优秀曙光学者,获国家科学技术进步二等奖。

▶▶化妆品技术与工程专业

➡➡专业介绍

✥✥专业简介

化妆品技术与工程专业(专业代码为 081705T)是轻工类专业中的两个特设专业之一。近年来化妆品消费规模迅猛增大,旺盛的需求带动了化妆品业的飞速发展,加之国家对化妆品业的监管越来越严格,化妆品业对专业人才的需求逐年攀升,化妆品技术与工程专业的发展也必然成为大势所趋。2018年教育部公布了2017年度普通高等学校本科专业备案和审批结果的通知,在"新增审批本科专业名单"中增设了化妆品技术与工程专业。上海应用技术大学于2018年增设该专业,它是国内第一所设置该专业的学校,在接下来的两三年中,北京工商大学、大连工业大学、厦门医学院等十余所高校依托学校原有的日用化工领域的科研和师资基础,相继设立了化妆品技术与工程这一新专业。

❖❖ 培养目标与要求

化妆品技术与工程专业面向化妆品及日用化工相关行业,培养德才兼备,爱岗敬业,具有良好的自然科学基础、人文社会科学基础,系统掌握化妆品技术与工程的基础理论和专业知识,具备职业素质和工程能力,兼具质量控制、生产管理等能力,具有家国情怀、创新意识、团队精神、沟通交流与自我提升能力,具备环保理念、社会责任感和国际化视野,具有利用现代工具对相关复杂工程问题进行分析、研究、解决和管理的能力,在化妆品及日用化工等相关轻工领域从事化妆品配方设计、产品生产、功效评价、技术管理、质量检验、化妆品的应用与营销管理等工作,有创新实践能力的高素质应用型技术人才。

❖❖化妆品技术与工程专业需学习的知识

我国的化妆品市场前景广阔，具有很大的发展空间。但是，我国化妆品业还存在研发技术水平低、高端人才紧缺、品牌影响力低等问题，在研发、功效评价、管理方面的人才缺口严重，因此急需加强对化妆品技术与工程专业人才的培养，包括专业知识、价值观、职业能力、综合素质等全方位的培养，全面提升行业从业人员素质。

化妆品技术与工程专业的学生应具备的知识能力要求如下：

基础知识和技能：掌握数学、物理、化学、工程基础知识；掌握一定的计算机知识，能进行基本操作；具备良好的语言应用能力；具有一定的法律常识及人文知识；具备正确的世界观、人生观和价值观，遵守职业道德和规范，履行责任。

专业技术知识和技能：掌握化妆品领域的基础理论与工程专业知识，具有相关学科知识和艺术时尚修养，具备化妆品产品配方技术开发的核心能力，能够解决化妆品生产及其主要原料、香料香精等产品生产的设计、设备配套与选型、生产工艺和设备改进等问题。

职业能力：具备化妆品配方设计与样品制作的能力；能够将专业知识的原理和方法用于发掘天然活性成分、

138

新功能型化妆品开发、生产过程及质量控制、产品及原材料分析与检测等问题的研究中，包括进行产品调研、设计实验方案、开展实验、处理数据和分析实验结果，并得出合理、有效的结论；能够解决化妆品原料质量控制、配方设计、功效评价、生产过程控制、产品质量控制等过程中出现的问题，具有较强的表达能力、沟通能力和组织实施能力；能够使用现代工具进行预测、模拟和分析；具有终身学习能力。

综合素质：具有良好的思想道德修养和健康的身心，了解国家对化妆品原料、生产、设计、研究、开发、产品安全等方面的方针政策、技术标准和法律法规，能够合理评价所遇到的问题及其解决方案对社会、健康、安全、法律以及文化的影响，并明确应承担的责任；具有创新意识，能够正确评价化妆品及日用化工行业生产实践中涉及的原料、天然产物、有机溶剂、三废物质等对环境的影响，促进社会可持续发展。

➡➡就业方向

本专业学生毕业后可在化妆品业、研究机构、教育部门等从事与化妆品相关的研发、设计、自动化生产、功效与质量检测、营销、管理及教学等工作，也可在美容企业及相关领域从事美容培训与咨询、管理等工作。

✤✤✤从事行业

化妆品企业的岗位主要有配方设计、生产技术、质量检验、功效评价、质量管理、营销等,可进一步细分为配方工程师、工艺工程师、研发部经理、采购人员、护肤品工程师、洗涤工程师、产品企划人员、包装研发人员、包材兼容性测试人员、功效测试人员等。另外,上游行业化妆品原料公司也需要非常多的研发人员。化妆品原料公司的工程师往往是带动行业新品潮流的主要力量,需要在相关原料方面有较超前的意识和较强的钻研能力。

总之,化妆品技术与工程专业毕业生可从事的工作大致如下:配方设计与技术研发;化妆品质量管理;化妆品功效评价;化妆品生产及企业管理;化妆品原料及产品营销;美容行业技术指导及顾问;自主创业。

✤✤✤职业发展路线

配方设计与技术研发路线

大型化妆品企业的研发人员一般要求具有本科学历,还有少数岗位要求硕士、博士研究生学历。随着国内经济的快速发展,人们对美的要求日益提高,带动了化妆品业的蓬勃发展。国务院颁发的《化妆品监督管理条例》

（〔国令第 727 号〕，2021 年 1 月 1 日起实施）、国家药监局发布的《化妆品分类规则和分类目录》（2021 年第 49 号，2021 年 5 月 1 日起实施）等法律法规的出台进一步加强了化妆品业的规范及化妆品质量监管的力度，另外消费者在重视化妆品使用效果的同时也越来越重视化妆品的安全性，这些都对化妆品配方的研发提出了更高的要求。化妆品研发工程师要根据市场需求，使用符合化妆品安全标准的日用化工原料，进行化妆品配方研发并组织试产，测试其作用机理及功效。

生产技术管理路线

化妆品生产管理人员主要负责化妆品生产工艺流程的控制和跟踪、生产计划的落实、订单操作管理、生产安排及控制等。国家为进一步加强化妆品卫生监督，保证化妆品的卫生质量和使用安全，已由国家药品监督管理局进行管理，对化妆品生产企业实行生产许可制度。因此，从事化妆品生产管理的人员除要熟悉化妆品原料物性、生产工艺、生产设备等之外，还必须熟悉化妆品生产的卫生要求和质量管理，以及国家相关的法律法规等。

化妆品功效评价与质量管理路线

随着化妆品业监管力度的加强，现行立法规定功效宣称必须有依据，所以化妆品功效评价和质量管理岗位在化妆品研发和生产企业越来越受重视。化妆品功效评价包括体内、体外两个部分。需要掌握皮肤生理、细胞生物学、分子生物学、仪器分析、图像分析、消费心理学等知识，熟悉化妆品原料体内与体外功效评价体系的设计，掌握必要的功效评价方法，动态更新体内与体外检测方法和评价手段，进行原料和产品功效评价方案设计、功效测试和数据分析，并与开展功效评价的试验机构建立联系、合作，了解国内外化妆品及化妆品原料、法律法规等。

化妆品及原料营销推广路线

随着化妆品企业数量的逐年增加，化妆品原料的需求量不断增加，同时伴随着中国经济的快速增长，国内消费者的消费能力呈现不断上升的趋势，消费者对化妆品的消费意识越来越强，因此不论是化妆品原材料还是成品的销售都供不应求。一般来讲，从业人员除需要掌握化妆品及化妆品原材料、配方设计、制备工艺等方面的专业知识外，还需要具有一定的化妆品营销、心理学、法律法规等知识。

创业路线

化妆品业不同于其他资本密集型、大规模生产型的行业，其具有更多的自主创业机会。同时随着互联网的快速发展和电商平台的大力推广，化妆品销售越来越依赖于电商平台,这种革命性的销售方式也使个人创业的机会显著增加。具有化妆品技术与工程专业知识的毕业生既可以创建化妆品生产公司,又可以通过化妆品销售、品牌营销等模式进行自主创业,还可以创办为化妆品、美容行业提供咨询与服务的公司等。

科学研究路线

化妆品的研究领域较为广阔,除化妆品原材料、成分方面的创新研究之外,还可以进行化妆品新工艺、新制剂,以及化妆品与皮肤作用的机理、作用效果评价等方面的研究。同时,化妆品的研究可以与生物技术、纳米技术、皮肤科学、心理学、艺术与美学等学科交叉、融合,进行更广泛、深入的科学研究。研究者除需掌握化妆品领域的基础理论与专业知识外,还需要有较强的科研能力、创新能力和综合素质。

❖❖❖工作地点

根据中国香料香精化妆品工业协会统计的数据,截至2020年底,我国化妆品企业合计5 447家,主要分布如图24所示,广东省化妆品企业占全国总数一半以上,其次为江浙沪地区。在当地政府的大力支持下,上海的“东方美谷”、广州的“白云美湾”等以化妆品为主的美丽健康产业园先后建成,为化妆品研发和生产提供了强有力的支撑。

轻声慢语:带你走进轻工类专业

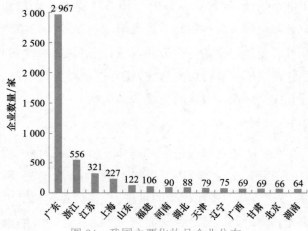

图 24　我国主要化妆品企业分布

　　此外,山东、福建、河南、湖北、天津、辽宁等地化妆品业近年来的发展也很迅猛。因此,化妆品技术与工程专业毕业生在广州、上海、杭州、苏州、南京、福州、深圳、济南、武汉、大连等城市的就业机会比较多。

➡➡学术深造与专业发展前景

✤✤学术深造

　　任何一个行业的长期兴盛都需要依靠接受过高层次教育的人才带动,化妆品业也不例外,因此硕士、博士研究生等高学历人才的培养是非常重要的。化妆品技术与

144

工程专业的学生可选择两条途径继续进行学术深造：一是在国内报考与化妆品科学与技术、应用化学、精细化工、生物工程等专业相关的硕士研究生，如北京工商大学、江南大学、华南理工大学等；二是可以选择去法国、意大利、英国、韩国等高校进一步攻读硕士、博士学位，如法国凡尔赛大学、蒙彼利埃大学、国际香料香精化妆品高等学院，以及意大利博洛尼亚大学、英国伦敦艺术大学、韩国大邱韩医大学等。

❖❖与新兴产业的交叉与融合

　　化妆品科学是一门应用性极强的学科领域，化妆品学科的发展，离不开化学、生物学、皮肤学、遗传学、心理学等多个学科的交叉助力。化妆品科学与化学、皮肤科学、生物学、材料科学、艺术与传媒学、美学、产业经济学、大数据科学、法学、监管科学、药理学、健康学等学科的交叉都具有广阔的研究空间，这也为学生进一步深造提供了更多的选择。

　　与生物技术的交叉与融合

　　生物技术，特别是分子生物学、基因重组和克隆技术的发展，为化妆品业带来了全新的发展机遇，也必将对化妆品领域产生深远的影响。首先，皮肤的改造和修复、雀斑的治疗、抗衰防衰等美容化妆领域直接与生物技术相关。其次，生物技术在化妆品生产、功效评价、安全检测等方面均有广泛的应用，如利用生物提取技术、生物发酵技术、酶工程、植物细胞培养技术等可为化妆品开发提供高效、安全、价优的原材料和添加剂。此外，生物技术还可对化妆品的美白、抗衰老、抗敏、祛红血丝等功效的检测及安全评价提供方法。

与纳米技术、微胶囊技术的交叉与融合

为了实现化妆品活性成分的缓释或保护，帮助营养、祛斑类活性成分的渗透吸收，采用纳米技术、微胶囊技术等进行化妆品中活性成分的微胶囊化，或制备其脂质体、微乳液、纳米乳液、液晶结构乳状液、多重乳液、纳米粒子等新型载体，改善化妆品的肤感及使用性能，是化妆品新配方、新剂型研究的热点。

与中医药科学的交叉与融合

中国具有悠久的中医药学历史，中草药种类丰富、功能多样，将博大精深的中医药学知识与化妆品科学结合，以传统古方、中医药妆为突破口，加强中草药化妆品的研发和生产，推出适合东方人肤质的产品，有助于提升化妆品业的研发水平，拓展化妆品配方，并打造具有中国本土特色的化妆品品牌。

146

➡➡ 化妆品业在国民经济中的重要性

化妆品业是我国轻工行业中的支柱产业,是国民经济的重要组成部分。改革开放以来,随着人民物质、文化生活水平的不断提高和社会发展的进步,化妆品已经成为人民美好生活的日常消费品。化妆品业的发展速度甚至超过了房地产业和信息技术业,成为我国国民经济中发展较快的行业之一。可以说这是一个与我们生活密切相关的产业,一个整体经济效益保持良好的产业,一个蕴涵巨大商机的产业。

✤✤ 产业发展现状与特点

化妆品业正处于高速成长期。进入 21 世纪以来,我国化妆品业一直保持高速发展的态势,行业扩容的速度不但超过了国际平均水平,而且远高于我国国内生产总值的增长率。改革开放初期,我国化妆品零售额(仅涉及中国大陆,不含港澳台地区,以下同)为 3.5 亿元。2006 年中国化妆品零售额首次突破 1 000 亿元大关。根据中国轻工业联合会发布的数据(图 25),2012—2020 年我国化妆品年零售额快速增长,2013 年达到 1 625 亿元,中国首次超越日本成为世界第二大化妆品消费国。2020 年,我国化妆品零售额达 3 400 亿元,市场规模已占到全球市场的 11.5%,仅次于美国的 18.5%。根据国家统计局发布

的数据,2019 年我国化妆品类产品零售额增速为 12％,
仅次于增速为 13％的日用品类产品(图 26)。

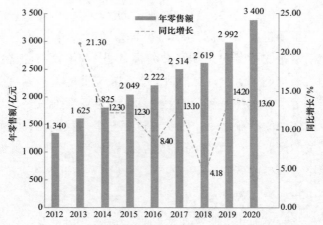

图 25　2012—2020 年我国化妆品年零售额变化情况

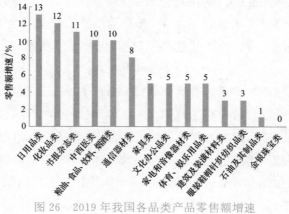

图 26　2019 年我国各品类产品零售额增速

我国化妆品业在外资企业占据主导地位的同时，国产品牌也在迅速发展。外资日化巨头大多有着几十年甚至上百年的品牌历史，在国际上有着巨大的品牌影响力，占有高端市场的大部分份额。国内也涌现出一批优秀的本土化妆品品牌，如珀莱雅、美即、佰草集、自然堂等。中国本土品牌能更好地理解中国国情和历史，将中国文化融入化妆品的审美理念中，因此在文化上更胜一筹，这在一定程度上改变了当前化妆品市场的竞争格局。

❖❖产业发展趋势

据业内人士预测，未来化妆品业将迅猛发展，预计到2024年，我国化妆品业的市场容量将达 8 282 亿元。化妆品生产监管越来越严格，管理越来越规范。《化妆品监督管理条例》从原料与产品、生产经营、监督管理、法律责任四个方面对化妆品的生产经营活动及其监督管理予以规范。建立化妆品风险监测和评价制度，为科学监管提供依据。采取抽样检验、责任约谈、紧急控制措施等，加强信息公开和信用惩戒，在保障化妆品质量安全、完善监管措施、明确法律责任方面做了进一步完善，从而对化妆品从业者提出了更高的要求。

❖❖与人类生活息息相关

化妆品业既是一种产业，又是一种生活文化。随着社会经济的发展，高新技术的不断推出，人们生活质量的不断提高，化妆品已经成为人们的日常必需品，化妆品业也被称为"美丽经济"。中国化妆品业经过多年的迅猛发展，已取得了前所未有的成就，中国化妆品市场已经成为全世界最大的新兴市场。中国化妆品业从小到大，从弱到强，从简单粗放到科技领先、集团化经营，已经形成了一个初具规模、极富生机和活力的产业。化妆品企业如雨后春笋般快速增加，化妆品品牌层出不穷，市场竞争愈演愈烈。但同时，也存在一些突出的问题，如产品科技含量不高、高技能人才储备不足、品牌知名度低、营销手段滞后等。因此，这一行业急需具有专业知识的人才加入。

➡➡行业代表人物简介

蒋丽刚

蒋丽刚，珀莱雅化妆品股份有限公司首席研发官。拥有国家授权专利 65 项，是 7 项化妆品国家标准的制定者，6 项化妆品功效评价团体标准的第一起草人。兼任全国香料香精化妆品标准化技术委员会化妆品分技术委员会委员；中国香料香精化妆品工业协会行业专家委员会化妆品行业委员。

张婉萍

张婉萍，上海应用技术大学国际化妆品学院执行院长，在香料香精及化妆品领域有突出造诣，兼任全国香料香精化妆品标准化技术委员会委员、《日用化学工业》杂志编委、《香料香精化妆品》杂志编委。

轻财重义：从业选择、规范与伦理约束

才者,德之资也;

德者,才之帅也。

———司马光

职业是生存的根基。人们接受教育,主要目的是提高自身素质和能力,也是在培养"就业竞争力",它与个人天赋、职业种类、职业素养、专业技能水平密切相关。

经过多年的努力付出,家长们会深有感触:培养人的过程就像侍弄花草树木一样,需要大量付出,教师和家长要拥有长久的耐心,孩子也要拥有足够的努力与定力。粮草充足了才能兵强马壮,在一定程度上,努力提升自己才能在职业竞争中保持优势。

然而,高等教育肩负的重要职责是尝试让受教育者摆脱"知有物质,而不知有精神"的困扰。考生的良好德行即使能够在外部环境的熏陶下自觉形成,但也难以面面俱到,所以,高等教育要坚持"立德"。高等教育的本质应该是通过教授专业技术进而达到"树人"。职业素养的提升和正确伦理观念的形成正属于高等教育中需要修炼的"精神"。

　　作为高等教育中覆盖专业种类较多的一类,轻工类教育既重视学生德行的培养,也注重实践能力的提升。知道培养什么样的人,怎样培养人是轻工类教育不能跨越而且在未来始终要坚持面对的首要问题。

▶▶**本立而道生——培养什么样的轻工人?**

　　2017 年 2 月和 4 月,教育部在复旦大学和天津大学分别举行研讨会,形成了新工科建设的"复旦共识"和"天大行动"。同年 5 月、6 月在湖南工程学院和温州大学提出"湘浙倡议"。2017 年 6 月 9 日,教育部在北京形成新工科建设"北京指南",就此,新工科建设进入越来越多高校的视野。

　　"新工科"是以新经济和新产业为背景,以立德树人为引领,以应对变化和塑造未来为建设理念,以继承创

152

新、交叉融合、协调共享为途径，旨在培养适应未来发展的创新型、多元化高素质卓越工程人才。

那么，在众多工程专业类别中选择报考轻工类的原因是什么呢？首先，轻工类专业下设的轻化工程、包装工程、印刷工程、香料香精技术与工程、化妆品技术与工程专业，是"新工科"教学平台之一；其次，轻工类教育经多年发展而沉淀形成的包容性，允许学生"从其所好"：在一个传统约束力越来越被淡化的时代，自由探索成为学生勾勒完美人生的前提，学生可以在求学过程中做到"劳而不倦"；最后，公平、公正在轻工类实践教育中体现得淋漓尽致，只要学生"极其造诣之精"，必将"渐有所阐明"。任何一位轻工学子，都有机会通过勤学成长为行业内部专业型人才乃至泰斗级人物。

轻工人能够解决那些与生活紧密相关的问题，轻松地实现"学以致用"。比如说，人们喜欢对比皮鞋、化妆品等轻工产品质量的好坏，评价印染、包装、印刷甚至生物工程技术上的革新，对品牌意识形成的推动作用促进专业技术人员不断开发出更优质的轻工产品、纺织产品；人们喜欢在茶余饭后谈论添加剂、防腐剂、香料香精、杀菌剂等可能会对人体产生的伤害作用，进而会对轻工人带来关联性的指责与质问；人们也常常关心传统造纸业、皮

轻财重义：从业选择、规范与伦理约束

革业、染整业可能对环境造成的污染问题,在不断享受着技术进步、生活质量提高的同时,从道义的角度上批判若隐若现的技术风险。"众说纷纭,各抒己见"引起的热议往往更容易让世人的目光发生聚焦,形成开放共享的平台,反馈并不断推动着行业内部的技术革新,同样也为轻工业及轻工人的发展创造了机遇和空间。绿色可持续发展是轻工人当之无愧的责任。

▶▶道之以德,齐之以礼——轻工人的职业道德规范

轻工业是涉及商业利益价值交换的早期职业类别。绝大多数轻工类产品的生产与销售依赖市场调节,市场竞争成为轻工业持续、快速、健康发展的动力。但是商业欺诈、假冒伪劣、背信毁约、诋毁同行、虚假报道也随之而来,一些负面信息最容易影响消费者的判断与认知。市场竞争的有序进行,需要有与之相适应的道德约束,需要用职业道德规范从业者的思想和行为,同样也需要拥有完备职业道德体系的轻工人来接受挑战,改变并掌控局面。

工程中的伦理概念伴随着工程师和工程师职业团体的出现而出现。人们日益认识到工程师因为应用现代科学技术而拥有巨大力量,要求工程师承担更多伦理的责

任并履行相应的义务。从职业发展来说,专业化且独立化的工程师团体,需要加强职业伦理建设。

轻工类教育要求学生成为工程师后,能够在行业工程的设计与实施中充分考虑环境、能源、生态等可持续发展因素,而且要以工程为载体综合考量个人与社会、民族与国家、发展与生态等多维关系,培养学生养成理性的反思与批判精神,摆脱技术理性及其所隐含的工具理性、经济理性的牵制,充分认识工程技术发展所带来的潜在风险,对行业活动进行全面预测、选择和评判。

轻工业及轻工人被动面对的伦理问题是经济快速发展带来的哲学性问题,也是轻工业培养人才过程中重点关注的素质教育问题。轻工类职业道德规范则是全面梳理伦理问题后形成的从业守则。接受过高等教育的轻工人必须能够在利益和道义之间懂得取舍,在接受专业教育过程中形成稳定的道德观念、行为规范和道德品质。轻工类教育从伦理上宣扬一种精神,要求被教育者能够在最大的克制限度内,平衡利益关系,为人类的福祉和他人的健康服务。

轻工类教育步入"新工科"阶段后,受教育者成为工程师也不再是轻工人未来发展的唯一选择。培养具有专业技术背景的职业经理人和轻工行业类金融管理人员，也已经成为轻工类教育责无旁贷的义务。越来越多的机构和企业开始青睐具有轻工类教育背景的求职人员，急切地需要具有制浆造纸、皮革工程、纺织加工、化学与印染工程、印刷工程、包装工程、化妆品及香料香精日用化学背景的硕士研究生和博士研究生参加到金融团队中，为他们分析国内外行业及轻工类上市公司的运营数据，建模、定策略并预判发展热点。而具有轻工类教育背景的职业经理人和金融经理人，具有很好的树立轻工人形象的作用。他们接受专业高等教育后，拥有了规范的职业操守、成熟的职业心态和良好的职业能力，能够熟练地将所接受的专业性教育和逻辑能力教育完美、高效地融入整个职业生涯。他们在跨学科伦理思考中形成宏观视野，在优秀传统文化的吸收转化中创新思维方式，在本土现实问题的分析与解决中提升践行能力。

　　走出高校、步入职场的轻工人，在面对林林总总的职业种类时，无论选择何种归途，都将能充分理解到轻工业要"道之以德，齐之以礼"的准则，理性恪守职业规范。

"1＋X"证书制度——职业技能等级评价让轻工人的未来拥有无限可能

2019年1月,国务院发布《关于印发国家职业教育改革实施方案的通知》,"1＋X"证书制度正式确立,即在应用型本科高校和职业院校,启动学历证书＋若干职业技能等级证书制度试点。

"1＋X"证书制度使教学体系与职业技能评价真正在高校中开展,可以促进学校教学内容的改革、改进与提升,推动应用型本科高校真正实现与产业无缝衔接。轻工类人才培养具有典型的应用型专业门类特点。受益于国家职业教育职业技能等级证书在轻工类专业中已实现全覆盖的优势,设置轻工类招生专业的高校已经成为"1＋X"证书制度建设中的先行者,是优化区域高等教育结构、服务区域产业发展的代言人。

在接受本科教育的同时,学生无门槛限制地拥有专业职业技能等级评价资质,可以完成轻工类职业技能等级评价(具体评价种类及等级请参考现行《国家职业资格目录》),获得技能水平认定。学生考取的各类职业技能等级证书,具有同等效力,持有证书人员享受同等待遇。

"1＋X"证书制度让轻工人在未来拥有更广阔的选择空间。

轻财重义：从业选择、规范与伦理约束

参考文献

[1] 刘仁庆.纸张解说[M].北京：中国铁道出版社,2004.

[2] 李治堂.中国印刷业发展观察及深度分析报告：2011—2020年的形势分析与发展预测[M].北京：印刷工业出版社,2012.

[3] 陈克复.中国造纸工业绿色进展及其工程技术[M].北京：中国轻工业出版社,2016.

[4] 曹之.中国印刷术的起源[M].2版.武汉：武汉大学出版社,2015.

[5] 潘吉星.中国造纸史[M].上海：上海人民出版社,2009.

[6] 中国轻工业联合会. 稳中求进展新姿 由大向强奔新程——轻工业 2019 回眸与 2020 展望[J]. 轻工标准与质量,2020(1):15-16.

[7] 张崇和:推动轻工行业升级创新 满足人民生活美好需要[J]. 福建轻纺,2018(2):8-11.

[8] 李正风,丛杭青,王前,等. 工程伦理[M]. 北京:清华大学出版社,2016.

[9] 赵竞,尹章伟. 包装概论[M]. 3 版. 北京:化学工业出版社,2018.

[10] 赵扬. 上古至明代的包装历史[J]. 收藏家,2001(1):4-6.

[11] 赵永杰. 2019 年-2020 年中国化妆品行业发展概况[J]. 日用化学品科学,2020,43(6):59-62+64.

[12] 何露,陈武勇. 中国古代皮革及制品历史沿革[J]. 西部皮革,2011,33(20):47-50+54.

[13] 张淑华,徐永,苏超英. 中国皮革史(上、下卷)[M]. 北京:中国社会科学出版社,2016.

[14] 杨志刚. 解析中国香料香精进化发展史[J]. 中国化妆品,2019,(4):82-86.

[15] 张秀民,韩琦. 中国印刷史(插图珍藏增订版)[M]. 杭州:浙江古籍出版社,2006.

参考文献

[16] 佚名. 我国古代造纸历史发展足迹[J]. 新远见,
      2007,(11):34.

[17] 赵伟. 中国造纸工业 2020 年生产运行情况及 2021
      年展望[J]. 中华纸业,2020,42(1):10-14＋9.

[18] 孙宝国,何坚. 香料化学与工艺学[M]. 北京:化学
      工业出版社,2004.

[19] 牛云蔚,肖作兵,易封萍. 基于交叉学科的香料香
      精专业创新人才培养模式的研究[J]. 香料香精化
      妆品,2016(5):69-71.

[20] 田红玉,陈海涛,孙宝国. 食品香料香精发展趋势
      [J]. 食品科学技术学报,2018,36(2):1-11.

[21] 林翔云. 香味世界[M]. 2 版. 北京:化学工业出版
      社,2018.

"走进大学"丛书拟出版书目

什么是机械? 　邓宗全　中国工程院院士
　　　　　　　　　　哈尔滨工业大学机电工程学院教授(作序)

　　　　　　　王德伦　大连理工大学机械工程学院教授
　　　　　　　　　　全国机械原理教学研究会理事长

什么是材料? 　赵　杰　大连理工大学材料科学与工程学院教授
　　　　　　　　　　宝钢教育奖优秀教师奖获得者

什么是能源动力?

　　　　　　　尹洪超　大连理工大学能源与动力学院教授

什么是电气? 　王淑娟　哈尔滨工业大学电气工程及自动化学院院长、教授
　　　　　　　　　　国家级教学名师

　　　　　　　聂秋月　哈尔滨工业大学电气工程及自动化学院副院长、教授

什么是电子信息?

　　　　　　　殷福亮　大连理工大学控制科学与工程学院教授
　　　　　　　　　　入选教育部"跨世纪优秀人才支持计划"

什么是自动化? 　王　伟　大连理工大学控制科学与工程学院教授
　　　　　　　　　　国家杰出青年科学基金获得者(主审)

　　　　　　　王宏伟　大连理工大学控制科学与工程学院教授

　　　　　　　王　东　大连理工大学控制科学与工程学院教授

　　　　　　　夏　浩　大连理工大学控制科学与工程学院院长、教授

什么是计算机? 　嵩　天　北京理工大学网络空间安全学院副院长、教授
　　　　　　　　　　北京市青年教学名师

什么是土木工程? 　李宏男　大连理工大学土木工程学院教授
　　　　　　　　　　教育部"长江学者"特聘教授
　　　　　　　　　　国家杰出青年科学基金获得者
　　　　　　　　　　国家级有突出贡献的中青年科技专家

什么是水利？　张　弛　大连理工大学建设工程学部部长、教授

教育部"长江学者"特聘教授

国家杰出青年科学基金获得者

什么是化学工程？

贺高红　大连理工大学化工学院教授

教育部"长江学者"特聘教授

国家杰出青年科学基金获得者

李祥村　大连理工大学化工学院副教授

什么是地质？　殷长春　吉林大学地球探测科学与技术学院教授（作序）

曾　勇　中国矿业大学资源与地球科学学院教授

首届国家级普通高校教学名师

刘志新　中国矿业大学资源与地球科学学院副院长、教授

什么是矿业？　万志军　中国矿业大学矿业工程学院副院长、教授

入选教育部"新世纪优秀人才支持计划"

什么是纺织？　伏广伟　中国纺织工程学会理事长（作序）

郑来久　大连工业大学纺织与材料工程学院二级教授

中国纺织学术带头人

什么是轻工？　石　碧　中国工程院院士

四川大学轻纺与食品学院教授（作序）

平清伟　大连工业大学轻工与化学工程学院教授

什么是交通运输？

赵胜川　大连理工大学交通运输学院教授

日本东京大学工学部 Fellow

什么是海洋工程？

柳淑学　大连理工大学水利工程学院研究员

入选教育部"新世纪优秀人才支持计划"

李金宣　大连理工大学水利工程学院副教授

什么是航空航天？

万志强　北京航空航天大学航空科学与工程学院副院长、教授

北京市青年教学名师

杨　超　北京航空航天大学航空科学与工程学院教授

入选教育部"新世纪优秀人才支持计划"

北京市教学名师

什么是环境科学与工程？

　　陈景文　大连理工大学环境学院教授

　　　　　　教育部"长江学者"特聘教授

　　　　　　国家杰出青年科学基金获得者

什么是生物医学工程？

　　万遂人　东南大学生物科学与医学工程学院教授

　　　　　　中国生物医学工程学会副理事长（作序）

　　邱天爽　大连理工大学生物医学工程学院教授

　　　　　　宝钢教育奖优秀教师奖获得者

　　刘　蓉　大连理工大学生物医学工程学院副教授

　　齐莉萍　大连理工大学生物医学工程学院副教授

什么是食品科学与工程？

　　朱蓓薇　中国工程院院士

　　　　　　大连工业大学食品学院教授

什么是建筑？　齐　康　中国科学院院士

　　　　　　东南大学建筑研究所所长、教授（作序）

　　唐　建　大连理工大学建筑与艺术学院院长、教授

　　　　　　国家一级注册建筑师

什么是生物工程？

　　贾凌云　大连理工大学生物工程学院院长、教授

　　　　　　入选教育部"新世纪优秀人才支持计划"

　　袁文杰　大连理工大学生物工程学院副院长、副教授

什么是农学？　陈温福　中国工程院院士

　　　　　　沈阳农业大学农学院教授（作序）

　　于海秋　沈阳农业大学农学院院长、教授

　　周宇飞　沈阳农业大学农学院副教授

　　徐正进　沈阳农业大学农学院教授

什么是医学？　任守双　哈尔滨医科大学马克思主义学院教授

什么是数学？　李海涛　山东师范大学数学与统计学院教授

　　赵国栋　山东师范大学数学与统计学院副教授

什么是物理学？ 孙　平　山东师范大学物理与电子科学学院教授

　　李　健　山东师范大学物理与电子科学学院教授